世界五千年
科技故事叢書

盧嘉錫題

《世界五千年科技故事丛书》
编审委员会

丛书顾问　钱临照　卢嘉锡　席泽宗　路甬祥
主　　编　管成学　赵骥民
副 主 编　何绍庚　汪广仁　许国良　刘保垣
编　　委　王渝生　卢家明　李彦君　李方正　杨效雷

世界五千年科技故事丛书

蓝天、碧水、绿地
地球环保的故事

丛书主编　管成学　赵骥民

编著　刘保垣　孙茹

吉林出版集团　吉林科学技术出版社

图书在版编目（CIP）数据

蓝天、碧水、绿地：地球环保的故事 / 管成学，赵骥民主编. -- 长春：吉林科学技术出版社，2012.10（2022.1 重印）
ISBN 978-7-5384-6157-2

Ⅰ.①蓝… Ⅱ.①管… ②赵… Ⅲ.①环境保护－普及读物 Ⅳ.①X-49

中国版本图书馆CIP数据核字（2012）第156325号

蓝天、碧水、绿地：地球环保的故事

主　　编	管成学　赵骥民
出 版 人	宛　霞
选题策划	张瑛琳
责任编辑	张胜利
封面设计	新华智品
制　　版	长春美印图文设计有限公司
开　　本	640mm×960mm　1/16
字　　数	100千字
印　　张	7.5
版　　次	2012年10月第1版
印　　次	2022年1月第4次印刷

出　　版	吉林出版集团
	吉林科学技术出版社
发　　行	吉林科学技术出版社
地　　址	长春市净月区福祉大路5788号
邮　　编	130118
发行部电话/传真	0431-81629529　81629530　81629531
	81629532　81629533　81629534
储运部电话	0431-86059116
编辑部电话	0431-81629518
网　　址	www.jlstp.net
印　　刷	北京一鑫印务有限责任公司

书　　号	ISBN 978-7-5384-6157-2
定　　价	33.00元

如有印装质量问题可寄出版社调换
版权所有　翻印必究　举报电话：0431-81629508

序　言

十一届全国人大副委员长、中国科学院前院长、两院院士

　　放眼21世纪，科学技术将以无法想象的速度迅猛发展，知识经济将全面崛起，国际竞争与合作将出现前所未有的激烈和广泛局面。在严峻的挑战面前，中华民族靠什么屹立于世界民族之林？靠人才，靠德、智、体、能、美全面发展的一代新人。今天的中小学生届时将要肩负起民族强盛的历史使命。为此，我们的知识界、出版界都应责无旁贷地多为他们提供丰富的精神养料。现在，一套大型的向广大青少年传播世界科学技术史知识的科普读物《世

序 言

界五千年科技故事丛书》出版面世了。

由中国科学院自然科学研究所、清华大学科技史暨古文献研究所、中国中医研究院医史文献研究所和温州师范学院、吉林省科普作家协会的同志们共同撰写的这套丛书，以世界五千年科学技术史为经，以各时代杰出的科技精英的科技创新活动作纬，勾画了世界科技发展的生动图景。作者着力于科学性与可读性相结合，思想性与趣味性相结合，历史性与时代性相结合，通过故事来讲述科学发现的真实历史条件和科学工作的艰苦性。本书中介绍了科学家们独立思考、敢于怀疑、勇于创新、百折不挠、求真务实的科学精神和他们在工作生活中宝贵的协作、友爱、宽容的人文精神。使青少年读者从科学家的故事中感受科学大师们的智慧、科学的思维方法和实验方法，受到有益的思想启迪。从有关人类重大科技活动的故事中，引起对人类社会发展重大问题的密切关注，全面地理解科学，树立正确的科学观，在知识经济时代理智地对待科学、对待社会、对待人生。阅读这套丛书是对课本的很好补充，是进行素质教育的理想读物。

读史使人明智。在历史的长河中，中华民族曾经创造了灿烂的科技文明，明代以前我国的科技一直处于世界领

序 言

先地位，涌现出张衡、张仲景、祖冲之、僧一行、沈括、郭守敬、李时珍、徐光启、宋应星这样一批具有世界影响的科学家，而在近现代，中国具有世界级影响的科学家并不多，与我们这个有着13亿人口的泱泱大国并不相称，与世界先进科技水平相比较，在总体上我国的科技水平还存在着较大差距。当今世界各国都把科学技术视为推动社会发展的巨大动力，把培养科技创新人才当做提高创新能力的战略方针。我国也不失时机地确立了科技兴国战略，确立了全面实施素质教育，提高全民素质，培养适应21世纪需要的创新人才的战略决策。党的十六大又提出要形成全民学习、终身学习的学习型社会，形成比较完善的科技和文化创新体系。要全面建设小康社会，加快推进社会主义现代化建设，我们需要一代具有创新精神的人才，需要更多更伟大的科学家和工程技术人才。我真诚地希望这套丛书能激发青少年爱祖国、爱科学的热情，树立起献身科技事业的信念，努力拼搏，勇攀高峰，争当新世纪的优秀科技创新人才。

目 录

一、地球母亲的沧桑 /011

二、蓝天 /013
震惊世界的伦敦烟雾事件 /013
都市中的"氧吧" /018
酸雨危害及防治 /024
"女娲补天"不再是传说 /031
热浪在全球翻滚 /039

三、碧水 /047
水——生命的源泉 /047
从青蛙为何畸形说起 /053
警惕,城市中的"陷阱" /060

目 录

"水花"和"红潮"的灾难/065

海豚和鲸为何集体"自杀"/070

四、绿地/079

百孔千疮的绿色卫士/079

地球上的第50亿位公民/086

孤独的人类/091

旅游垃圾/099

她为何自杀/106

五、交给子孙一个生机勃勃的地球/113

一、地球母亲的沧桑

地球，我的母亲，

我过去、现在、未来，

食的是你、穿的是你、住的是你，

我要怎样才能够报答你的深恩？

这是我国杰出诗人郭沫若对地球的赞颂。

的确，地球创造了生命，养育了人类，是人类文明存在和发展的摇篮。人类在大自然的摇篮中生存，大自然又慷慨无私地赐给人类生活所需的一切资源。自古以来，清新的空气飘荡在苍穹，充足清洁的水流淌在江河湖沼，肥沃的土地盛产粮棉，丰富的矿产资源藏于地下。那蔚蓝色的大海，郁郁葱葱的森林，巍峨挺拔的高山，多姿多彩的动植物使大自然的景色更加秀丽和壮观。人类在这美好的大自然中生活的历史已有数百万年计。

人类承受着地球慈母般的滋养之情，依赖着地球母亲提供的生存资源。人类用聪明的大脑，勤劳的双手为地球梳妆，以报答她的深恩。一座座楼房拔地而起，一座座荒山变成梯田。错落有致的住宅，笔直宽阔的大道，奔驰如飞的汽车，争奇斗妍的繁花，形成了城市的景象；那整齐的菜畦，明亮的暖房，高矮适度的农舍，万顷碧波里穿梭嬉戏的鱼群，撒欢的乳牛和猎狗，形成了农村的田园景象。

人们把第一颗种子播入田地时，宣告了原始游牧生活的结束。第一台蒸汽机车的出现，标志着人类进入了工业革命时代。电灯的出现，为人类社会带来了光明，汽车、拖拉机的出现，给人类带来了速度和力量。电镀使金属发光，石油化工给人类创造了奇迹。原子能的发现及利用标志着人类又进入了一个崭新的核能时代。

当人们陶醉在"征服"自然，取得物质财富的喜悦之中时，地球母亲却满身伤痕，日趋脆弱，发出了痛苦的呻吟……由于人类没有珍惜地球母亲无私的赐予，没有科学地利用地球，使地球环境受到了极大的破坏，连人类自己也说不清楚究竟欠下地球多少孽债，埋下多少隐患，引发了多少灾难，遭受到多么无情的报复与惩罚。

二、蓝天

震惊世界的伦敦烟雾事件

1952年12月5日至9日，是英国工业发展史上极不光彩的一页。在这4天里，灰色的浓雾就像一块硕大的帷幕从天而降，盖在城市的上空。工厂和家庭里排出的一条条"黑龙"，由于浓雾的笼罩，只能在下面翻滚积累。浓雾和烟雾形成的云海久久不散，成千上万的市民感到胸闷、喉痛，出现呕吐、呼吸困难，进而发烧。一时医院拥挤不堪，4天内竟有近4 000人死亡。在烟雾后期，又有8 000人病死，其中老人和儿童居多。

谁是杀人的凶手？事情发生后舆论哗然，英国当局被迫进行调查。由于组织措施不力，始终弄不清楚主要原因是什么，以至于烟雾事件愈演愈烈，在1956、1957和

1962年又连续发生了几起。直到1963年才算弄清了"雾都惨案"的起因。原来是大气中的烟尘和二氧化硫等污染物"协作行凶"。

大气是围绕在地球周围的一层淡蓝色的气体，是地球上的生命物质生存的保证。正是由于有了这层大气，人类和各种生物才能进行呼吸。洁净的空气对于生命来说是非常可贵的，生命的代谢一刻都离不开新鲜的空气。据生命科学家估计，人可以一个月不吃饭，5天不喝水，而断绝空气可能不到5分钟就会死亡。

在距地面12千米以内的空气层，占据了大气层总重的95％，此层空气上冷下热，产生了活跃的对流，大气污染主要发生在这个层面。

在地球形成的早期，大气是清洁的。然而，由于人类的活动，特别是现代工业的发展，向大气中排放的废弃物质越来越多。据卫星和其他监测装置的监测结果，人类的工业活动正在改变着大气的化学组分。若使大气恢复原状需要几个世纪的时间。

举世闻名的产业革命开始后，煤作为新的能源一跃成为工业的"基本口粮"。就连瓦特也没有想到，由他发明的蒸汽机在使人类社会生产力发生飞跃的同时，也将人类带入了一个烟尘世界。一座座烟囱如同伸向天空的"黑笔"，烟囱喷出条条"黑龙"般的烟雾，夹杂着燃烧过程中生成的二氧化碳、二氧化硫和烟尘一起涌向了大气层，抹黑了洁净的蓝天。有人计算过，每烧掉一吨煤，大气中就会增加9—50千克烟尘，10千克的二氧化硫，3—9千克的二氧化碳以及其他有毒物质。而人通过呼吸把这些有毒物质吸入体内。

幸好正常人体的呼吸道具有抵抗外界有害的细微物质的屏障作用，称为"人体自卫防线"。

一般来说，直径大于5毫米的烟尘微粒，不易进入肺泡，易被鼻腔、鼻毛、声门和支气管黏膜阻留。黏膜上皮的纤毛能成簇有力地往喉部方向摆动，使吸附有烟尘的黏液逐步被推向呼吸道，排出体外。直径小于5毫米的烟尘粒子虽能到达肺泡，但一部分能随呼气排出，另一部分则被吞噬细胞吞噬，通过肺泡上皮的呼吸性支气管黏膜表面的一层液体由于传送出去。

由于以上几道"人体自卫防线"的作用，正常人的肺泡中只存在少量的不至于引起机体疾病的细菌。

但是当大气中含有低浓度的飘尘和二氧化硫时，由于长时间的持续作用，就会减弱和破坏呼吸道的屏障作用，引起慢性萎缩性鼻咽炎、慢性支气管炎、肺炎和肺气肿等慢性疾病。

在大气污染加重时，如果出现无风或微风，有雾和气温逆增等不利于污染物扩散的情况，污染物就会不断地蓄积起来，形成有毒烟雾，笼罩在城市上空，持续数日不散，从而造成急性中毒死亡事件。位于盆地和四面环山的地区更容易出现这种危害，近百年来，有据可查的就有20多起，其中危害最重的就是前面提及的"伦敦烟雾事件"。伦敦地处盆地，而当时的气象条件也正处无风、有雾和气温逆增的情况下，不利于污染物的扩散，使之越聚越多，在60—90米的低空形成了一个厚厚的烟雾层。当时检测出大气中的飘尘量比平时高5倍，二氧化硫含量比平时高3.5倍，因此，在死亡者中，以支气管炎死亡率最高，其次是肺炎、肺结核和心肺疾患。

煤在人类文明史上立下了汗马功劳，直到现在煤炭还是工业生产、家庭生活的主要能源之一。火车、轮船、冶炼、发电大部分用煤，做饭、取暖也要用煤，煤在全世界能耗结构中所占比例为30%。可见煤已成为大气污染的罪魁祸首，遏制大气污染应首先驯服"黑色的烟龙"。

为了消除烟雾的帮凶——硫化物的隐患，世界各国科学工作者先后研制了各种脱硫装置，采用的方法大致有回收法和抛弃法两大类。

在回收方法中主要有石灰石法、石灰双碱法、喷雾干燥法、氯化镁法和柠檬酸盐法等十几种脱硫工艺。上述工艺脱硫的主要原理是：用石灰石、石灰乳等脱硫剂与吸收塔中的二氧化硫发生化学反应生成硫酸钙等废物，硫酸钙再浓缩干燥投入废料厂，用于填土或制成建筑材料。其工艺的脱硫效果达到90%以上。

20世纪70年代开始发展的电子射线脱硫脱硝方法也颇受人们的欢迎。该法是在装置中加入微量的氨与烟气混合，然后以速度不足光速1%的电子束照射，可以使烟气中90%以上的二氧化硫、氮氧化物立即氧化，并同氨反应生成化学肥料——硫酸铵和硝酸铵。既除去了烟气中的硫，又获得了硫的副产品。

近年来美国研发的两种脱硫方法引起人们的广泛关注。一种是石灰石多级喷射燃烧技术；另一种是全干式喷射技术，即向烟气中喷入粉状碱性物质作为脱硫剂，再用布袋除尘器搜集。上述两种方法不仅可脱硫，还可减少氢化物的排放，成本低、易于推广。但由于回收法脱硫工艺复杂，投资费用又比较大，许多国家采用经济代价较小的抛弃法。

抛弃法最早由前苏联科学家提出，即用两个装有缆绳的气囊轮流把工业废气送入高空，当气囊达到指定高空时，以缆绳压迫气囊把工业废气排入高层大气，使之在紫外线的作用下发生分解。

我国内蒙古和江苏等地，为了消除烟雾事件中的"元凶"——烟尘，从燃烧方式着想，研制了上燃型煤和生产锅炉，火焰由上往下延伸燃烧，使煤在着火以前有个干馏预热过程，使燃烧更加充分，避免了大量炭黑析出。除此之外，武汉、鞍山、吉林等市在20世纪80年代相继研究出"静电抑制尘源技术"、"静电凝聚技术"、"电旋风除尘技术"、"水雾静电复合除尘技术"。这些除尘技术的采用在消除烟尘污染方面起到了很大的作用。一些经济发达国家为了控制烟尘对环境的污染，制定了严格的排放标准，使烟尘的排放量达到最低限度。如今人们在一些发达国家已看不到"浓烟滚滚"的景象，就连被称为"雾都"的伦敦市，经过多年的治理、改造，昔日迷蒙的烟雾都不见了。清新怡人的树木花草，洁净的空气取代了昔日漫天飞舞的尘埃，视域不及千米的雾日已由过去的每年50天减少到每年仅5天。

愿伦敦市民珍惜这一失而复得的景色，愿发展中国家不要重蹈"雾都"的覆辙。

都市中的"氧吧"

从来只听说病人需要吸氧，至于健康人吸氧倒是件新鲜事。然而在20世纪末的都市中，这样的新鲜事真的出现了，一种专供人们吸氧的场所——"氧吧"出现在我国一些大城市的繁华地段。

顾客步入厅堂，首先得到的享受，并不是美酒佳肴，而是通过从氧气储罐中引出的小管子，饱享一番毫无污染的新鲜氧气。这当然是一个令人感到新鲜的消费项目。据说，去一趟氧吧后，人的身心更加健康，生活、工作更加有活力。

现在"氧吧"只是少数人的一种消费需求，对大多数都市人不希望扩展这种需求，他们需要整座城市到处都是清新的空气。

近几年来，随着城市建设步伐的加快，楼房越盖越高，汽车越来越多，街道越来越拥挤，空气污染越来越严重。造成都市大气污染的主要污染源除了前面提到的烟尘外，还有汽车尾气。

汽车，作为第二次工业革命的骄子，自1885年问世后，实现了人们"日行千里"的愿望。人们借助于汽车发动机，可以舒舒服服地飞驰到远方，给人们带来了许多方便。在发达国家，汽车简直像人们穿在脚上走路的鞋一样成为必需之物。在我国，近几年汽车业的发展也呈现出兴旺发达的景象，汽车家族不断扩大，载重汽车、公共汽车、小汽车的数量逐年增加。有人预言：21世纪汽车将像自行车一样走进都市的千千万万个家庭之中。

然而，汽车业的发展却给都市带来了严重的污染。

1943年9月在美国洛杉矶上空出现了一种有刺激性的淡蓝色的烟雾。随之，马路两旁的树叶长满黄褐色的斑点，郊区蔬菜由嫩绿变成褐黄——呈蜡质状，甚至在洛杉矶100千米外的海拔2 000米高山上，也发现很多松树枯死，果园里的葡萄又小又不甜；居民眼睛红肿流泪、喉痛胸闷、咳嗽不止，短短几天里竟有400多名65岁以上的老人丧生。经调查，当淡蓝色烟雾侵扰洛杉矶时，全市每天约有200多万辆汽车，要消耗1 100多吨汽油。正是这些汽车排出的尾气造成了对人和树木的伤害。这就是历史上有名的"洛杉矶光化学烟雾事件"。

时隔41年，在1984年的23届奥运会上，有一只名叫"轰炸机"的秃鹰，正准备参加奥运会的开幕式表演，不料在表演之前突然死掉。兽医解剖了这只鹰的尸体后宣布：这只无辜的"生灵"死于臭名昭著的"洛杉矶烟雾"。

据美国大气污染规划局推算，美国每年交通工具排出的尾气，大约含一氧化碳6 380万吨，碳氢化物1 660万吨，氮氧化物810万吨，飘尘（含铅类）120万吨，硫氧化物80万吨，数量之大相当惊人。看来这个"汽车大国"在享受现代化工具带来方便的同时也付出了沉重的代价。当奔驰的汽车在市内穿行时，从车尾排出的烟雾夹带着难闻的气味源源不断地散布到。研究表明，汽车尾气的排放有如下特点：一是流动式排放，"汽车放屁，一溜烟"。且排放量与行驶速度有关，即车速越慢，一氧化碳排放量越高。特别是在城市繁华街道的交叉路口，红灯停车，汽车发动机仍在运行，尾气排放量就更大。二是污染物沿路面低空排放，尤其是载重卡车、三轮摩托车和拖拉机，它们行驶速度慢，柴油燃烧不完全，车经过之处，黑烟滚滚，扬起路尘，形成烟尘弥漫。三是汽车排出的污染物中的氮氧化物与碳氢化物在大气中氧的参与下，再经太阳紫外线的照射，便产生一系列的化学反应，生成臭氧、醛类和过氧乙酰硝酸酯等一系列对人和生物有危害的强氧化剂。所有这些化学反应的生成物与大气中的烟尘、水汽、酸滴互相混合形成浅蓝色的烟雾，这就是"光化学烟雾"。

随着汽车数量的猛增，光化学烟雾来势越来越猛，常常是突然发生。往往是在夏秋季中午前后，气温高、湿度低、风速较小时，烟雾浓度增大。遭受袭击的多半是活动在操场上的学生、露天运动场上的运动员、邮局的外勤人员和交通警察。受害者往往是突然晕倒，不省人事。目前，在美国的洛杉矶、日本的东京、印度的孟买和加拿大南部的一些城市，光化学烟雾有明显增多的趋势。我国某地在1979年也发生过光化学烟雾，连白天行车也要开灯。居民普遍感到眼痛、头晕、胸闷、呼吸困难。

由于城市空气，使得一些国家的商家特意把新鲜空气作为商品出售，大发"污染财"。巴黎和东京街头出现了向顾客供应新鲜氧气的自动售货机，只要你投一定数目的钱就可以吸到相应数量的新鲜空气。还有人试图把阿尔卑斯山的空气做成"空气罐头"出售。

人们渴望呼吸到新鲜空气，渴望驯服汽车尾气。强烈的愿望与先进的科学技术结合，终于催开了朵朵绚丽的科技之花。一场"绿色汽车革命"在全球展开，一些汽车制造商已经加快发展有益于环境保护的汽车。这种汽车使用清洁的能源，大大减少了汽车尾气中有害物质的排放量。

随着无铅汽油的问世，氢气及天然气汽车的研制成功，人们又将目光集中在能源充足、噪声小、无排放、速度快的电动汽车上。

提起电动汽车（电力驱动的车），人们并不陌生，如城市有轨电车、无轨电车，铁路线上的电力机车，工厂、车站的运货电瓶车等。这里所说的电动汽车，除不用油外，它与燃油汽车无任何不同，以高效蓄电池为能源，速度最高可达170千米/小时。以电为动力，可以一劳永逸地解决汽车的能源危机问题，且低噪声和无排放，特别对人口众多、交通拥挤的大城市具有更大吸引力。因此，近年来一些汽车制造厂商竞相开发"绿色"交通工具——电动轿车、电动公交车。

目前，美国投入运行的电动汽车为2 000辆，日本为1 300辆，法国为1 000辆。美国和日本都通过立法和政府补贴的形式，鼓励和支持电动汽车的研制和开发。美国通用公司的电动小轿车在启动、时速、续驶等各个方面都令人满意。此外，这家公司还设置了安全、方便的蓄电池充电系统与之配套。他们设计生产的电动大轿车已在洛杉矶等地机场投入商业运营。法国雷诺公司从1995年开始推出个人用电动轿车。1996年3月，法国标致公司推出106电动轿车，该车低噪声，使用20节镍镉电池，充电一次可行驶100千米。

香港的人口密度高达6 000人/平方千米，有效地减轻日益严重的大气和噪声污染自然成为当务之急。1994年8月香港举办了"环保博览会"，会上向公众展示了电动出租车。这种电动出租车是由普通燃油轿车改装而成的，由一套三组的镍镉蓄电池提供动力，最高时速可达135千米，平均时速为110千米。攀爬1∶8坡度的斜坡，能源消耗功率达35千瓦时的时速为40千米。香港将市区内所有燃油出租车改造为电动出租车。与此相关的蓄电池充电（相当于汽车加油）问题，是通过设立遍布整个市区的电池更换中心网络解决的。市区设置12—15个电池更换中心，每个中心提供3个以上的更换单位；另有40—50个小型电池更换中心，设在其他各区。电动轿车在更换中心的泊位上，只要等4分钟即可充好电，继续行驶80—100千米。

我国在电动汽车的研究上也初见成效。据有关专家介绍，我国在电动汽车的能源——蓄电池的制造方面与国际水平相近；而国产电动汽车的心脏——电动机则居世界领先水平，在位于洛杉矶的美国休斯公司的展坪上，电动轿车样品的电动机便是来自中国的产品。

1996年3月1日，我国第一款电动大客车——"远望电动公交车"的两辆样车在河北胜利客车厂问世。远望电动公交车的外形及内部服务设施，与普通的豪华大客车并无两样，但它在行驶中不排放废气。这种电动车采用了20多项先进技术，其中电动机、控制箱、蓄电池采用了美国公司的产品。由于它采用变频调速取代机械变速箱，在行驶时，不仅平稳而且噪声低。在行驶过程中，车上的计算机对车辆的运行实行监控，保证车辆能在最佳状态下行驶。由此可见，它是一种理想的、无污染的市内公共交通工具，据研制人员估计，这种电动车很快就会实现商品化。

可以想象，不久的将来，一辆辆"绿色"电动轿车、电动公交车将行驶在城市大道上。它们不仅给市民的出行带来更多的舒适与方便，而且为改善城市环境做出贡献。那时，人们再也不会遭受汽车尾气的危害，市区上空的空气会洁净得多，雄鹰也会再次展翅翱翔在城市的蓝天上，城市"氧吧"自然也就不需要了。

酸雨危害及防治

4000年来，古埃及的狮身人面像一直静静地守护着神秘而庄严的金字塔。然而这举世闻名的古迹目前正面临着被毁坏的危险。由于酸雨的侵蚀，石像脸部裂缝日益严重，泪痕满面，如果不及时修复，那么拥有几千年历史的文化遗产可能毁于一旦。

建于公元前421年至公元前406年的希腊雅典卫城的古希腊宫殿，曾在漫长频繁战火中饱经风霜，近几十年来，却未逃脱和平时期酸雨的蹂躏而满目疮痍。

在我国，北京故宫太和殿台阶及天安门城楼前的汉白玉石雕，在20世纪60年代以前，它们一直完好无缺、光彩夺目地接待四方游人，而今它们也遭到酸雨的侵蚀，变得模糊不清。

酸雨这个由天而降的"死神"，正无情地吞噬着人类的历史遗产，几千年来人类历史文化进程中留下的具有时代特征的艺术珍品危在旦夕。什么是酸雨？所谓酸雨，是指大气中的硫氧化物和氮氧化物与雨、雪、水雾作用形成硫酸和硝酸，并随雨降落到地面。这种pH小于5.6的含酸的雨或雪称为酸雨。目前所指的酸雨主要指形成硫酸的二氧化硫沉降。

在地球上最早受到酸雨危害的地区是欧美的一些工业发达国家。在那里，由于长年累月燃烧煤、石油或石油产品，这些燃料在燃烧过程中放出大量的酸性气体——二氧化硫和氮氧化物。在潮湿而污浊的空气中，二氧化硫与水接触生成亚硫酸水溶液，在大气水分凝结核中的锰、铁等金属离子作用下，亚硫酸溶液被进一步生成硫酸，二氧化氮则生成稀硝酸。这些细微的颗粒长年在空中飘荡，一旦遇到降雨雪便随雨雪而下，这样就形成了酸雨。酸雨的毒性比一般的二氧化硫和氮氧化物大好多倍。古文物遭到侵蚀仅仅是酸雨的毒性作用之一。而酸雨的更大危害将是对地球上人、动物、植物、土壤及湖泊的影响。

20世纪70年代末，美国西弗吉尼亚州的小城惠林连续下了3天蒙蒙细雨，雨水比柠檬汁还酸。经测定，其酸度超过正常雨水的5 000倍。在1974年苏格兰的一次暴风雨中，雨水的酸度与醋接近（pH为2.4）。

近些年来，雨水的酸度继续上升，降酸雨的地区仍在继续扩大。酸雨危害农作物、森林、草原。它使植物的叶子脱落，嫩枝变脆、枯死。在德国，有1/3的云杉死于酸雨的摧残。在新西兰和瑞典，已发现酸雨使天然森林生长率下降。酸雨落入土中会使土壤酸化，表层土壤元素易流失，土壤肥力下降。土壤的酸化不但使有害元素活性提高，甚至使铝成为有毒的元素。铝是地壳里含量最多的金属，约占地壳总重量的8.8％，地球上几乎到处都有铝的化合物，土壤中就含有许多氧化铝。由于它在中性环境中溶解度很小，故人们认为铝是一种无毒元素，对生物体并无多大害处。但是现代科学家证实，酸雨造成森林和水生生物死亡的主要原因之一便是土壤中的氧化铝在酸性条件下变成硫酸铝，使树木根部的铝浓度增加，树木因此大量死亡，农作物被毁坏，牧草枯死。酸雨落到河流、湖泊中，使水中碱度降低、酸度增加，破坏了水生生物群落的正常分布，使能够耐酸的植物（苔藓、丝状藻）和真菌生长速度加快，而使细菌分解作用下降，有机残渣迅速堆积在水面上，影响了水生植物的光合作用，使水生植物窒息，使浮游动物和水生无脊椎动物减少或被消灭。若酸雨把土壤中的铝溶解到湖泊中，对鱼来说更是雪上加霜。加拿大由于常下酸雨，有4 000多个湖泊被宣判为死湖，还有1 200个湖处于死亡的边缘。挪威南部1 500多个湖泊中，pH低于4.3的湖泊70％已没有鱼存在。pH在5.5—6.0正常范围内的湖泊中，有10％的湖泊没有鱼。而且在过去的20多年中，挪威很多河流的鲑鱼已消失，真鳟也很快步其后尘。酸雨降落危及人类的健康。据报道，很多国家由于酸雨的影响，地下水中铅、铜、镉的浓度上升到正常值的10—100倍。1980年美国和加拿大有5 100人死于酸雨的污染。

我国的酸雨污染自20世纪80年代以来呈加速发展趋势。酸雨污染的范围已从西南局部地区扩大到长江以南大部分城市和乡村。

重庆是西南地区的工业重镇，长江上游的经济中心，著名的历史文化名城。然而，在"绿色文明"的史册上，却载有山城暗淡的一笔。据"1994中华环保世纪行"的记者报道，这里已成为国内外公认的"空中死神"——酸雨活动最猖獗的地域之一。

据测算，重庆地区降雨已全面酸化。酸雨出现频率高达80%；1993年酸雨pH平均为4.31，其最低值为3.16；城市大气中二氧化硫浓度为0.39毫克/立方米，在全国72个主要城市中仅逊于贵阳而名列"榜眼"。

"七五"期间，重庆酸雨沉降造成直接经济损失达5.4亿元，占同期全市国民生产总值的3.19%。此外，土壤酸化贫瘠、物种退化、名胜古迹受损，而人群和生物生存所受的潜在威胁，更是无法以货币值作价。

重庆地区农作物不同程度受到酸沉降的伤害，蔬菜损失尤重，瓜果类蔬菜死苗、黄叶、落花、落果频频发生，长势日衰。几年前的一场酸雨突降，5万亩（1亩=666.7平方米）水稻秆枯叶败，至今提起，人们还心有余悸。

近10年，重庆城郊树木长势有如江河日下，抗病抗害能力普遍减弱。南山风景区受酸沉降影响，马尾松叶尖枯黄脱落，诱发病虫害而大面积死亡，受害面积占85%，死亡面积为800公顷，被视为世界上大气污染对森林造成毁灭性灾难的典型。重庆市区街道的绿化树种已更换过3次，目前被认为适应能力最强的黄桷树也无力抵御日益加重的酸雨污染而提前衰老，并遭病虫害侵袭。

酸沉降对建筑材料的腐蚀，大大缩短其使用寿命。城市建筑、名胜古迹在多年的酸沉降侵蚀下，又黑又脏，面目全非。曾家岩八路军办事处旧址门前矗立的周恩来全身铜像经腐蚀已失去本色，令慕名而至的瞻仰者心中黯然。

世界卫生组织确认，大气中二氧化硫日均浓度为0.25—0.5毫克/立方米时，人的呼吸系统疾病增加，原有病情恶化。近10年，重庆市大气中高浓度二氧化硫和酸性气溶胶对人体健康产生危害，使全市肺癌死亡率逐年呈上升趋势。部分污染严重的地区，儿童呼吸系统疾病患病率增加，肺功能下降，免疫功能减退。

"空中死神"如此猖獗地袭击地球上的建筑设施、生物资源乃至人类，使得世界各国人民纷纷携起手来，共同遏制这可怕的酸雨。

欧美、日本等国曾经采用了高烟囱排放方式以防止二氧化硫对本地区的污染。但有害气体并没有消失，仅是增大了它的污染范围，它散播得越远与湿空气形成酸雨的机会就越多，在别处造成的污染就越严重。例如：美国用高达300多米的烟囱把酸雨转嫁到加拿大，使加拿大雨水酸度增加了50多倍，使数千个湖泊变成"死湖"。每年加拿大的直接经济损失达150亿美元，酸雨成了美加之间争论不休的问题。类似这样的国际争端在其他国家地区也时有发生。

到了20世纪90年代，这种围绕酸雨的国际争端有所好转。越来越多的国家已经认识到，这种"出口"污染的方法，只是保护了本国、本地区的利益，但全球的污染还是没有减少，最终本国、本地区也难保不受污染。

1994年，欧洲国家和加拿大签署酸雨控制协议。来自加拿大、乌克兰等26个国家的代表，包括16个国家的环境部长，在经过两天的会议讨论之后，在挪威首都奥斯陆正式签署了这项协议。爱尔兰、葡萄牙等其他一些国家表示不久也将签署这一协议。

这一协议旨在降低大气中持续增长的硫化物含量，以减少酸雨对人类健康、野生动物、湖泊和森林资源的危害。与此同时，该协议根据不同国家承受污染能力的差异，为各国制定了不同的削减硫化物排放量的目标。德国到2005年，其硫化物的排放量将在1980年的水平上削减87％，瑞典、芬兰、丹麦和澳大利亚到2000年将削减80％硫化物的排放量。

为了防止东亚地区发展中国家重蹈欧洲工业发达国家的覆辙，日本环境厅提出了建立东亚地区"酸雨监控网"，旨在控制和防止东亚地区的酸雨对生态环境的危害。

我国政府对酸雨问题也非常重视，早在1982年就开始研究西南地区和南方地区的酸雨问题。1986年正式将上述地区的酸雨问题列入"七五"国家环保科技攻关计划。1990年国务院环卫会第十九次会议专门讨论了酸雨问题，决定"八五"期间继续开展针对酸雨的研究，征收二氧化硫的排污费，健全酸雨的监测网。国家环保局组织了对我国东南部酸雨的研究，并邀请酸雨专家根据目前研究成果提出意见。

酸雨的重灾区——重庆市，目前已与日本联手研究防治酸雨的课题。1994年确立的酸雨形成机制、传播运动规律，对人体危害、防治对策等课题开始攻关。

为了保护好先辈留下来的艺术珍品，使那些饱受风刀霜剑的文物与人类共存，人们在进行广泛深入的研究后，提出了各式各样的行之有效的方案。对意大利首都罗马的古建筑，专家提出用透明塑料套将古代有价值的纪念碑罩起来。埃及政府和英美考古学家联手制订了一个耗资巨大的修复狮身人面像的计划。我国科学家研制了一种用于文物保护的新型有机硅涂料。这种涂料可使严重风化的汉白玉石雕及故宫太和殿的台阶防水性提高2 000倍。可以预料，随着人们对酸雨认识程度日益加深，治理手段日益完善，这个"天空中的死神"必将被彻底驯服。

"女娲补天"不再是传说

"女娲补天"是流传在我国的一个神话故事。传说中的女娲是一个神通广大的天神，她用黄土和水"创造"了人类，替人类建立了婚姻制度，使人类过着快乐幸福的生活。不料，有一年，宇宙出了大乱子，半边天空坍塌下来，天上露出了大窟窿，地面也破裂成纵一道、横一道的黑黝黝的深坑，山林也燃起了大火，洪水从地底喷涌出来，波浪滔天。面对着这天塌地陷的悲惨景象，女娲痛心极了，她不忍心让自己"创造"的人类受此劫难，马上行动，进行艰巨的补天工作。

女娲先在大江大河里拣选了许多五色石子，架起火来把它们熔炼成岩浆，用来填补天空中的窟窿。为了不让补好的天再坍塌，她还杀了一只大乌龟，斩下它的四只脚，用来代替天柱，支撑四极。以后她又杀死猛兽，制服洪水，使人类得以安居。

许多年以来，这一神话故事一直广为流传，家喻户晓，人们把女娲视为心目中的英雄，赞颂她的勇敢和大无畏精神。当地球经过40亿年的沧桑岁月，正在步入21世纪的门槛时，"女娲补天"的神话又不同程度地引起人们的遐想。

在距地面20—40千米的一层空间是自然界臭氧的主要聚集地，我们叫它臭氧层。

纯净的臭氧是淡蓝色的气体，所以每当云开雾散时，它的素妆自然映入人们的眼帘，我们便看到了蔚蓝色的天空。你也许认为游离天际的臭氧太陌生，太遥远吧？其实，它就在我们周围，电闪雷鸣的阵雨后，有时可以嗅到一种特殊的味道，这就是雷电产生的臭氧散发在空气中的气味。臭氧在大气中的浓度较小，只占1/1 000 000。即使在臭氧层，其浓度也低于1/100 000。这薄薄的臭氧层臭氧含量虽小，但作用却不可低估，它如同一层天然的保护罩，能阻止无情的紫外线和危害生命的宇宙射线的长驱直入,使地球上的生物不至于受到紫外线强烈的辐射,真可谓"生命的保护衣"。

而如今,这层臭氧却在日益减少,天然保护层正在逐渐失去它的作用。由于臭氧层被破坏,紫外线辐射地面强度增加,温室效应气体产生,使海平面上升;紫外线辐射增加,还会引起皮肤传染病和皮肤癌发病率的增加。据测算,平流层臭氧减少1%,会引起生物活性紫外线-β放射量增加2%。根据流行病学研究的数据,紫外线-β放射量增加2%,可使基细胞皮肤癌发病率增加2%—5%,扁平皮肤癌发病率增加4%—10%。长期暴露于紫外线-β下,人的免疫系统会被破坏,会抑制皮肤乃至全身对某些疾病的抵抗力,还可诱发各种眼病,如白内障等。

臭氧的减少,对某些农作物影响也较大,可使农作物光合作用能力降低,植物的营养成分减少,生长速度减慢,产量降低。

海洋是人类食物的贮藏库,在人类生长、繁衍的漫长岁月中,它一直默默地为人类提供各种食物。而如今,伴随紫外线辐射的增加,海洋生命也将受到威胁。一份实验报告预言,如果臭氧减少16%,会使凤尾鱼减少6%—9%,臭氧即使只减少了很少一点,虾的繁殖力也会受到严重影响。

臭氧的减少,还会引起地球上的气候发生变化,全球变暖。其后果将导致冰川融化，海洋里水量增加，从而增加了地面上低洼地区发生洪涝灾害的风险。地球表面紫外线的增加，使得光化学烟雾问题日趋严重。紫外线与车辆和工业排放物相互作用，在地球表面形成一种毒性气体——臭氧，对植物、动物和人类都有害。

实际上，低气层中微量的臭氧非但不臭，反而给人以清新的感觉。雷雨后，空气格外新鲜，就是游荡着少量的臭氧可以消毒空气之故。很多有机树脂也很容易被氧化而放出臭氧来，所以一些疗养院常设在林叶荫翳，弥漫着树脂气息的树林里，这是低层空间少量臭氧的好处。然而，如果人们呼吸的空气中臭氧过多将会危害人的健康。

早在20世纪70年代初期，科学家们就发出警告，臭氧层可能遭到破坏，但在短时间内不会发生剧变。然而，变化之快真是出乎人们的意料。1985年英国研究人员公布的测量结果使人们震惊，南极上空臭氧浓度变得稀薄了，南极的上空出现了空洞，并且每年春天都重复出现空洞，而且空洞越来越大，越来越深。与此同时，在北极和北半球的上空臭氧层也在逐渐变薄。

究竟使什么原因使我们的天空出现"空洞"？臭氧层为何越来越薄呢？

臭氧是具有3个氧原子的氧（O_3），而不是两个氧原子的氧（O_2）。它是气态氧在大气上空被紫外光照射而分裂时形成的。当臭氧产生时，它分子结构中的第三个氧原子性质很活泼，它很容易挣脱其他两个原子的束缚游离出来，迅速氧化其他物质。剩余的氧原子被还原成普通的氧分子。已知影响臭氧层的化学反应有1万多种，如：工业废气和氮肥经土壤中的生物和化学变化释放出的氧化氮与臭氧化合。然而，据现代科学家分析，使臭氧层减少的最主要凶手是冰箱中的制冷剂、美发店的喷雾发胶和泡沫灭火器中所含的氯氟烃、哈龙等氟利昂制品。

氯氟烃（CFCs）是20世纪30年代发明的一种人造化学制品，属于卤代烃物质中的一类，卤代烃即是我们通常所说的氟利昂，它们的性能极其稳定，一般情况下不会燃烧。人们一直认为它们是无毒的，不会对人体造成伤害。这种性能使其成为许多工业用途的理想材料。如用于冰箱、冰柜、空调系统的热泵里作为热传递介质，作为推进剂，使产品强制从气溶胶喷雾罐中喷出（现代的喷发胶、摩丝），还用在泡沫塑料、清洗精密仪器的溶剂以及毛皮、布料的干洗剂中。另外，由于它极高的稳定性，使这种材料寿命极长，可被带到大气上层的同温层内。在同温层里，未经过滤的紫外线辐射将其化学链分开，释放出氯。氯原子具有极高的活性，很快变成"臭氧的杀手"。在这个反应中，氯原子没有被破坏，消耗臭氧的工作可反复进行。所以，一个氯原子可以破坏数以千计的臭氧分子。

在南极大气层特异的气候条件下，同温云层里的冰晶体加速了这一过程。这就是说，尽管氯氟烃在地球上分布是均匀的，但臭氧的消耗在南极却异常明显。除了氯氟烃以外，其他的含氯化合物也会增加大气中氯的含量，如甲基氯仿、四氯化碳、次氯化碳都会增加大气中氯的含量。如果人们不加以限制，在大气中继续排放这些含氯物质，就会使臭氧层的破坏程度加大。我们现在看到的只是在过去氯化物排放量较低的情况下造成的恶果。如果不严加控制，情况会变得更加严重。科学家们预言，到2050年时，即使不考虑南北极上空特殊云层的化学、物理特征，在高纬度地区臭氧的消耗将是4%—12%，在热带地区这个数字将是0%—4%，那时将会有200多万人患皮肤癌。

面对人类赖以生存的臭氧层一天天减少，地球上的人，不管是白种人、黄种人或是黑种人，发出了一个共同的心声：拯救臭氧层，保护全球的大气资源刻不容缓！

1989年9月，24个国家谈判签署了关于消耗臭氧层物质的蒙特利尔议定书。议定书要求各方从1989年7月1日起，将CFCs等含氯化合物冻结在1986年水平上。从1993年中期开始，发达国家年消耗量必须降低一半。并且在贸易方面加以限制，禁止进口CFCs等散装的化学药品。1990年6月伦敦会议修订了蒙特利尔协议书。在上述宗旨再次被强调的同时，又通过了逐年减少CFCs，到2000年之前完全淘汰CFCs的议案。

如今，世界各国人民都在努力停止使用CFCs，寻找新的替代品。如美国的杜邦公司和日本的朝日玻璃公司早在20世纪70年代就着手开展这方面的研究。其主要战略思想是开发不含氯的CFCs，其次是在CFCs上增加一个氢原子，破坏其稳定性，使其不能达到同温层。

新型的代用品已被开发出来了，在一些发达国家，喷雾剂中的CFCs已被烃类化学品取代，电冰箱中的CFCs已逐渐被无污染、无毒性的制冷剂取代，这就是"绿色电冰箱"。

我国在控制CFCs的使用，寻找替代品方面也迈出了一大步。尽管我国家用电冰箱制造业起步较晚，同发达国家相比属年轻的工业，资金短缺、技术薄弱。但我国的冰箱企业仍然要以保护人类生存环境、保护臭氧层为己任，积极研究开发无CFCs的替代物质。目前已有一些项目取得了成绩，如海尔集团的超级节能无CFCs项目、长岭（集团）股份有限公司与西安交通大学的混合工质项目、广东科龙电器股份有限公司的异丁烷和环戊烷项目、万宝电器集团的152a项目等。部分冰箱企业已经采用替代技术实施了批量生产转换，1994年全行业共削减CFCs 629吨。

多边臭氧基金在我国家用冰箱CFCs替代中起到了积

极的推动作用。通过世界银行、联合国开发计划署、联合国工业开发组织以及美国和德国政府的支持，截止到1995年8月，我国已有14个企业、17个项目获得了基金执委会的批准，批准总金额2 700多万美元。

联合国宣布，从1995年开始，每年的9月16日为国际臭氧层保护日。在第一个臭氧层保护日来临时，我国生产了50万台"绿色冰箱"投放市场，并宣布：将于2005年在冰箱生产中完全停止使用CFCs物质。从1996年1月开始，国家对新冰箱与旧生产线进行改造，实行"把关"。不采用替代技术的不得"上马"，而带有CFCs的产品和设备将不得进口。"绿色冰箱"进入寻常百姓家的日子已经到来。愿每一家庭从保护人类生存环境出发，为保护臭氧层，改用"绿色冰箱"。

为了把南极上空的臭氧"空洞"补好，科学家们在思考，"现代女娲"在行动。

俄罗斯航空机械制造研究所以太阳能为基础，发明了一种卓有成效的"补天"新法。他们认为，氧分子可以通过窄频紫外线作用激活，分解成原子，这比在同样辐射作用下使用更宽频段紫外线要快得多。由此产生的原子态氧与分子氧发生反应，生成臭氧分子。俄罗斯科学家建议，利用激光向2.5万米高空的地球向阳层的大气中进行照射。激光发生器可以设置在现有的宇宙飞行空间站上，而能源由太阳能电池供给。这项宏伟的规划一旦实现，臭氧空洞便可补上。

愿地球上的每一个居民都像女娲那样，加入到"补天"、"护天"的行列中，愿我们头顶上的臭氧层早日恢复如初。

热浪在全球翻滚

20世纪80年代以来，全球气候异常，热浪袭击了欧洲、非洲、北美、南美、中亚……人类正在遭受酷热的煎熬。国内外气象部门的研究材料表明，近130年来，全球平均气温上升了0.5℃。气象学家预计，到2040年，全球气温将上升1℃。1994年夏天，全球范围内出现了炎热天气，历时之久，程度之烈，均为历史上罕见。据英国报纸报道，1994年全球气温比1950—1980年的平均气温高出0.3℃。1995年入夏以来，地球仍然被暑热笼罩，世界各地不断传来温度最高纪录被打破的消息。

1995年5—6月间，印度中部、北部和东北部地区气温比往年高出5℃—6℃，首都新德里连续两周气温在45℃以上，人畜被热死的消息不断传出。稍后，美国中西部、东部也遇到了百年未见的酷热，气温高达39℃。持续不断的高温使这些地区死亡人数激增，停尸所爆满，人们只能用冷藏卡车临时安置死者。据报道，美国已有800多人丧生热浪，成千上万的牲畜也死于高温，并出现了两起因铁轨受热变形而导致的火车出轨事故。

1995年7月，酷热又越过大西洋在欧洲肆虐。西班牙、法国、德国、希腊和意大利等国的一些地区气温高达35℃—44℃，许多人热死。7月16—22日的一周时间内，西班牙有12人因酷暑导致心脏病发作身亡，约200人中暑住进了医院。西班牙日最高气温曾达到50℃。连夏天不太热的德国，气温也达到了37℃，工厂企业只得停工，让工人回家休息。

在我国，1988年江南亚热带高压比往年向北多推进了500千米。南京、武汉、重庆、南昌连续不断地传出不祥信号：南京83人死于高温，武汉数百人发"高烧"，重庆綦江最高气温达41.1℃、南桐超过40.6℃，南昌死亡600人。

一向太平的地区也同时大爆"冷门"：河南的驻马店、南阳，湖南的郴县，江西的景德镇、修水、吉安、赣州，安徽的阜阳、蚌埠、芜湖、安庆，湖北的房县、襄阳、光化等地，气温均超40℃。苏、鄂、沪、皖、浙、闽、湘、赣、粤、桂、川，这些中国最富庶的"鱼米之乡"，被罕见的高温酷热煎熬着。而在北方，吉林市出现了严寒时节着春装的反常现象。据调查，1月20日吉林市最高气温为2.3℃，次日为2.7℃。严寒季节出现这种反常现象，在吉林市是极少见的。乌鲁木齐市自1988年入冬以来，一反常态，气温比历年平均值高出3℃。11月间，连续16天有弥天的烟雾笼罩在市区上空，在迷蒙的浓雾中，汽车一辆接一辆像蜗牛一样爬行，民航班机一次又一次地延误。

无论从东到西，还是由南到北，炽热的气候俨然像一个杀红了眼的暴君，从天空俯冲而下，疯狂折磨着昨天还悠然自得的生灵们。

全球气候异常变暖是何缘故？科学家们提出了种种解释。大多数科学家认为，造成全球气候变暖的原因，除了大自然本身存在的因素外，主要是人为因素造成的。德国马克斯—普朗克研究所的科学家说，他们有95%的把握认为，气候变暖是人类活动造成二氧化碳等气体过量排放引起的，即通常所说的"温室效应"。

那么，什么是"温室效应"呢？原来，太阳光照到地球表面，其辐射能量的波长都在0.2—4微米之间，其中40%是可见光。太阳的辐射能量一部分被地球表面和云反射，一部分被大气尘埃或空气分子所散热返回到宇宙空间，剩余部分则被地球表面（陆地和水体）吸收，使地球表面增温，变暖的地球表面又向上空辐射能量。由于大气中存在着造成"温室效应"的气体，如二氧化碳、臭氧、一氧化碳、甲烷、氧化氮等，这些"温室气体"允许太阳辐射的能量穿过大气到达地表，同时又阻止地球反射的能量逸散到天空，其结果是使低层大气变暖。

二氧化碳是引起温室效应的主要气体。这种气体到处都有，一切燃烧和呼吸过程都产生二氧化碳。

碳元素顺利通过大气、海洋和生物圈，在自然中形成了二氧化碳与各种碳化物的自然循环。这种循环使大气中的二氧化碳平均含量维持在300ppm。由于开采和燃烧地下贮存的化石燃料，以及大规模地砍伐森林，人们现在已经破坏了碳元素的正常循环。

据统计分析，从1880—1970年，大气中二氧化碳浓度从28ppm增长到330ppm。到20世纪末，大气中二氧化碳的浓度达到365ppm，根据对今后使用化学燃料的预测，大约在21世纪的中叶，二氧化碳的浓度可能增加1倍。二氧化碳的增长很可能会显著地改变全球气候。有人曾计算过，如果大气中二氧化碳的浓度增加1倍，那么墨西哥湾台风的强度就要增大40%—60%。

专家们认为，尽管毁林是造成大气层二氧化碳浓度上升的重要原因之一，但是，化石燃料的燃烧却是其最重要的原因。

据统计，目前全世界每年向大气中排放的二氧化碳300多亿吨（以碳计），二氧化硫、氮氧化物等有毒气体也在急剧增加。其中燃烧产生的二氧化碳大约有40%—50%滞留在大气中，其余的一半被海洋所吸收。从而成为全球变暖的主要因素。

除二氧化碳以外，促成温室效应的气体还有甲烷。美国科罗拉多大学的唐纳德·约翰逊估计，一头牛每天排泄200—400升甲烷。全世界的牛（反刍动物）每年因胃胀而产生的甲烷有5 000万吨。为了减少这种气体的产生，可在饲料中掺入抗生素以遏制消化间歇中的细菌活动，这样可以使甲烷的产量减少30%。

全世界大约有牛、羊和猪12亿头，每年可产生5亿吨甲烷。甲烷的另一来源是植物。尤其是水稻，它产生的甲烷数量远远超过动物产生的甲烷。科学家们预计，按目前甲烷产生的速度，几十年后，甲烷在温室效应中将起主要作用，占50%。而目前温室效应的主要气体是二氧化碳。

造成全球气候变暖的另一个原因是南极上空出现臭氧"空洞"。1979年以来，南极上空的臭氧层的含量已经减少了30%—50%。1994年南极上空的臭氧层的"空洞"面积已经达到2 400万平方千米。更多的紫外线可以直接辐射到地面，从而使地面温度上升。

除上述两个原因使全球气候变暖之外，还有就是近年来的厄尔尼诺现象日益频繁，使全球气候异常现象变得更为复杂。

厄尔尼诺现象指太平洋热带海域（赤道附近，约北纬4°—南纬4°，西经150°—90°之间）海水异常暖化现象。由于厄尔尼诺现象一般在圣诞节前后出现，故而被称为"圣诞之子"。

19世纪以来，全球气温上升了0.6℃，而同期中部太平洋海面水温上升了0.5℃。海水暖化改变了洋流，对印度尼西亚、澳大利亚以及北美和南美地区气候造成影响。印度尼西亚和澳大利亚会出现干旱，而北美和南美沿海则暴雨成灾。一般来说，厄尔尼诺现象每3—5年出现一次。进入20世纪90年代以来，厄尔尼诺现象呈增强的趋势，在短短的4年内已出现3次，实属前所未见，而且出现的时间也变化不定。与厄尔尼诺现象相伴出现的往往是气候异常。1994年入冬以来，美国加州连续几个星期暴雨成灾，洪水泛滥，而东北部则出现冬季异常温暖的反常现象。

全球气候变暖可能给人类带来严重的灾难。绿色和平组织发表的报告指出，全球变暖正引起严重的气候异常变化，并造成世界各地的环境灾难：智利的沙漠可能变成洪水泛滥的盆地；印度、美国加州和俄罗斯西伯利亚可能发生火灾；加勒比海和太平洋地区多飓风；欧洲和美国多洪水；南非、南美和澳大利亚多旱灾。由于全球变暖以及毁林开荒等因素，今后25年地球上将有2%—8%的物种消失，世界粮食生产将受到直接威胁。

全球变暖还可以导致南极大陆冰原融化，引起海平面上升，直接威胁沿海国家和岛国。自20世纪40年代以来，南极半岛气温上升了2.5℃，是地球上平均气温变化最大的地区。1995年2月，面积为2 900平方千米的巨大冰山已经从南极西部冰原的拉尔森冰架进入南极海域，从而揭开了南极西部冰原融化的序幕。一些极地专家指出，全球变暖除导致西部冰原融化外，还可能导致面积更大的东部冰原融化。如果东西部冰原全部融化，全球海平面将上升60米，整个陆地将所剩无几了。即使南极冰原部分融化，也将直接危及沿海国家和岛国，造成大批城市和世界重要粮食产地被淹。据科学家预计，到21世纪末，全球海平面会比目前上升65厘米，届时，孟加拉国、越南、马尔代夫、荷兰等众多沿海国家和岛国的大片土地将被海水淹没。

此外，气候变暖还可能导致各类生物迁徙，造成某些疾病在世界各地传播，一些已得到控制的疾病会死灰复燃。1994年夏天，印度有很长一段时间的平均气温从正常的20℃—28℃猛增到39℃，到了秋季，横尸平原和粮仓的老鼠成为跳蚤的温床。连续吹了3个月之久的季风滋生了疟疾、登革热以及肺炎，成千上万的人受到感染，4 000多人丧生。由此可知，气候变暖会诱发某些传染病流行的说法绝非耸人听闻。

全球变暖是目前全世界面临的重大环境问题之一。为了抑制全球变暖带来的深重灾难，地球上每一位公民都应行动起来，通过自身的努力阻止这种变化。这就是减少化石燃料的使用，积极发展清洁能源，如太阳能、风能、潮汐能、水能等，用这些无污染、无公害的清洁能源代替煤、石油、天然气等化石燃料，从而减少造成温室效应的气体的排放量。与此同时，大力开展植树造林，靠大自然的净化调节能力，降低二氧化碳的含量。

三、碧水

水——生命的源泉

20世纪80年代中期的一天,在风景秀丽的峨眉山上的一个山洞里,人们发现了3个浑身浮肿的人躺在地上,他们都已奄奄一息了。在当地人们及时的抢救下他们方得以恢复健康。经了解才知道,他们是昆明医学院和昆明师专的3名大学生。他们一行3人于12天前的上午兴致勃勃来到峨眉山旅游。在饱览了千峰万壑的锦绣山川后,他们余兴未消,竟然闯进了一个未对游人开放的山洞。由于洞内巷道迂回曲折,他们漫不经心地东钻西撞,1小时后完全迷失了方向。强烈的求生欲望使他们不停地奔波,但越着急,越找不着出口,直到精疲力竭,无可奈何地倒在山洞里,一躺就是12天。这12天,他们就是靠喝泉水维持生命的。显然，是水给予了他们第二次生命。

水——过去和现在孕育着地球上的一切生命，堪称生命的源泉，生命的摇篮。那跳动着的清泉、涓涓的小溪、奔流的江河、澎湃的大海，那春天的甘霖、夏天的大雨、秋天的白霜、冬天的冰雪，那绿叶上的露珠、山涧里的瀑布、天空中的云彩、陆地上的雾气……水无处不在，它滋润着万物，哺育着生命。

在具有八大行星，直径为120亿千米的庞大的太阳系里，唯独地球上存在大量的水，繁衍着生命，水给地球带来了生机。

在"野田禾稻半枯焦"的干旱季节，绵绵细雨会给农民带来满心欢喜；在那茫茫的大沙漠或峰峦叠嶂的山区，每勘探出一处水源，都将燃起生命的火花；那碧波荡漾的海洋，奔腾不息的江河，不知唤起了多少人的遐思与畅想。

水是组成人体的主要成分，约占体重的60%。在人体内，水的作用就像空气调节器和万能溶剂。它能调节体温、促进新陈代谢、运送营养物质和排除废物。同时，水也参与化学反应，与蛋白质、黏多糖及磷质结合，发挥复杂的生理作用。一个人摄入大量的水，几乎可以是无害的，人体可通过肾脏、呼吸、出汗排出多余的水分。甚至在不易察觉的情况下，水也不断地从皮肤排出。但体内水量过少造成脱水，却是足以致命的大问题。人如果滴水不进，活不到7昼夜，但如果有水保证，即使没有食物，也可以生存60—70天。

正常情况下，水在人体内是平衡的。成年人每天通过饮水、吃食物和食物氧化供给体内的水大约是2 600毫升，而通过肾、皮肤、肺和大肠排出的水也差不多是2 600毫升。人如果散失了相当于自身体重的20%的水，就会死亡。

在地面上下100—200米的范围内，形形色色的生物尽管千差万别，但具有共同的特点，它们的生命活动都需要一定的环境和一定的空间，要求有一定的水、热、气和营养物质。这有限的空间被科学家们称为"生态圈"。它由岩石圈、水圈、土圈、大气圈构成。水既是生态圈的基质材料，又是生态圈物质能量转换、循环的载体、媒介。也就是说水是生态圈的一部分，生态圈的每一个环节都有水的存在。正像血液存在于人体一样，水维持着整个生态系统的平衡、运动，是地球母亲的"血液"。

拨动蓝色的地球仪，我们可以看到，地球上有3/4的区域被水覆盖，说地球是"水球"并不过分。那么，"水球"上的水到底有多少？据国内外科学家估算，地球上共有水13.6亿立方千米，其中，海洋咸水占97.5%；陆地淡水占2.5%，约0.4亿立方千米。因此，全球的淡水资源十分有限。打个比方，如果用一个1.89升的瓶子能装下地球上所有水的话，那么，可饮用的淡水仅能装半调羹，在这半调羹水中，江河、溪流的水量只相当于一滴，调羹中余下部分的则代表地下水。除去冰冠和冰川外，地球上可利用的淡水量还不到全球总水量的1%。

可见，供人类使用的淡水非常有限，可谓先天性淡水短缺，然而全世界淡水消耗量却与日俱增。

在过去的半个世纪中，全球淡水使用量增加了4倍。预计全世界对水的需求将每21年翻一番。与此同时，工业和生活污水的排放使不少水资源遭到日益严重的污染，从而进一步减少了有限的淡水资源。目前，已有80多个国家供水严重不足。世界上近40%的人每日因缺水而苦苦挣扎，而且形势还在不断地恶化，有些地方已经到了水荒的严重程度。例如，佛得角和巴巴多斯目前水源正在枯竭，埃及10年内人均水供应量将减少1/3，沙特阿拉伯的水源到2019年将告罄。

水源的危机造成严重的经济和社会问题。如果说20世纪的很多战争都是因争夺石油资源而起，那么，到21世纪，冲突或战争的导火索将是为了占有水源。这一警报性的预测，是联合国发表的一份关于世界水源危机的最新报告所得出的结论。

我国的淡水资源短缺，年均水资源总量约为2.8亿立方米，居世界第六位。人均占有地表水资源量约为2 700立方米，居世界第88位，仅为世界人均占有量的1/4；每亩（1亩=666.7平方米）土地占有地表水1 755立方米，只相当于世界平均水平的1/2。淡水资源的先天不足，使得全国各地用水告急。缺水和贫血，从生命的意义上说，几乎是等同的。

北京，是我国的首都。自古以来，它以独特的、闻名中外的名胜古迹吸引着中外游人。气势壮观的万里长城，汇聚着中国人民聪明智慧的故宫古建筑，风景宜人的颐和园，雄伟壮丽的天安门广场，无不令人向往。而如今，这座美丽的城市却亮出了用水告急的"黄牌"。在工农业总产值日益增长，工业企业数目日益增加，人口数量急剧增长的数字背后，出现了另一组可怕的数字：自20世纪80年代以来，官厅、密云、十三陵和怀柔等80多座水库蓄水量急剧下降，有的已干枯。其中由北京、天津、河北三省市合建的密云水库出现了"弃卒保京"的现象，即不得不停止向河北、天津供水。在夏季供水高峰，每天缺水10万吨，有数百家企业被限制用水。其中，大部分工厂因缺水而停产。地表水不够用，于是开采地下水，浅井不出水，就打深井。因超采地下水，目前北京地区已形成了1 000平方千米的漏斗。

在京西100千米以外的山区，更是缺水严重。如遇干旱季节，就会发生严重的水荒，夏天荆条不吐绿，树木不发芽，漫山遍野一片焦黄。1985年，因缺水，门头沟的书字岭村，耕牛渴死4头，羊渴死110只，全区0.7万公顷的耕地中，能浇上水的只有0.13万公顷，余下的0.57万公顷就靠老天爷赏水啦。全区不光这个村缺水，大部分地区都缺水。1万多人处在缺水的危机中生活。

有"泉城"之称的济南市，据说有72泉，每到夏季，市区泉群喷涌。1965年以前水位在30米以上，高出地面4—5米，20世纪60年代后期开采量逐渐扩大，1970年日开采量为8.19万吨，1979年日采量为19.4万吨，到了1981年日采量达到了90万吨。由于严重超采地下水，泉水没有了，地下水位持续下降，到1984年水位下降到25.3米。进入90年代以来，这种下降的趋势仍然继续。

在1990年末，沈阳市的市民谈论最多的话题，是水的调价问题。有人做了这样的对比，把用水量和估计的新价格相乘得出每月为水支出的费用与每月吃食用油的费用相对照，然后不夸张地说："水比油贵啊！"

是的，水比油贵。这是中国人惯用的多而"贱"的水反衬少而"贵"的油的一种夸张性的比喻。在东北的现实生活里，这已不完全是夸张。

沈阳城地下水有两条主要脉线：西下洼子水脉线和万泉山水脉线。通过对14眼自备井做枯水期、丰产期、平水期的监测比较，证明两条水脉均已受到不同程度的污染。大连市由于超采地下水，使海水不断浸入内陆，入没面积由1961年的2平方千米增加到1978年的29平方千米。大连市供水不足，每年约减少6亿吨以上。位于松花江畔的哈尔滨，有着得天独厚的水环境，但由于污染，如今也被水荒困扰着。

水源危机正在威胁着人类的生存。造成水源危机的原因很多，除了水污染之外，还有一个重要的原因就是水资源的浪费。英国一家报纸指出：现在英国供水量的1/3被浪费掉，可悲的是这种现象不仅在英国，在世界各地都普遍存在。为了提高世人节水意识，第47届联合国大会做出决议，将每年3月22日定为世界水日。

目前，人类正千方百计地解决水危机的问题，如兴修水利、海水淡化、污水处理，但最行之有效的而且人人可以做到的就是像珍惜生命一样，珍惜每一滴水。

从青蛙为何畸形说起

1995年8月8日，在美国明尼苏达州的亨德森县，一群初中生在游玩时抓住22只青蛙，其中11只后腿严重畸形。带队老师在震惊之余把学生的发现报告给当地的野生动物学家。自此之后，该州的污染控制局源源不断地接到发现畸形青蛙的报告，该州87个县中54个县已经发现畸形青蛙。

明尼苏达大学爬虫学家大卫·霍比发现，在明尼苏达州著名的湖区、度假胜地克劳温县，有5种青蛙和一种蟾蜍畸形。其中大部分时间生活在水中的北方蛙畸形率高达50%，而在水中生活时间较短的林蛙和美国蟾蜍畸形率不到5%。

青蛙是两栖动物，一生的大部分时间与水密切相关。青蛙的皮肤渗水性极强，水中的任何有害物质都可能进入青蛙体内，因此是对水污染反应最敏感的动物之一。虽然研究发现自然界存在的某种寄生虫可以导致青蛙畸形，但许多科学家相信，造成明尼苏达州大量青蛙畸形的罪魁祸首不是寄生虫、病毒和细菌，而是由杀虫剂、除草剂造成的水污染。

青蛙和人一样属于脊椎动物，如果科学家研究最后证明造成大量青蛙畸形的罪魁是水污染，那么人类将面临着怎样的威胁？

清洁纯净的水一直默默地滋润着地球上的万物生灵，如今，它却遭到了全面的污染。

流贯美国大陆，被称为"百川之父"或"老人河"的密西西比河，曾经成为排污纳毒的水道，使得新奥尔良及卡维尔地区的饮水中含有46种有机物，沿河居民的膀胱癌发病率大大升高。在美国一度几乎找不到一条洁净的河流，只有肮脏、比较肮脏和最肮脏的区别了。

被污染河流的颜色多种多样，染料厂把波托马克河染成红色，炼油厂把德拉华河染成黑色，南方纺织厂把河水染成白色。居民们为避免饮用受污染的水，只好饮用瓶装水，甚至饮用从格陵兰岛运来的冰川水。美国有人也趁此大发"水难财"。

中华民族的母亲河——黄河，如今也变成了一条流泪的河。昔日两岸的青山绿水、鸟语花香，已被荒山秃岭、林立工厂取代。由于人们盲目地开发建设，使得黄河各区段水质受到不同程度的污染。河水中汞、铅、锌等重金属已严重超标，有的超标达90%。仅兰州市，每年向黄河排放废水多达3亿吨，污染物30余种。宁夏河段，每年有5 800万吨工业废水泄入黄河。随着沿岸城镇与工业的发展，2000年，黄河接纳50亿吨废水，占天然径流量的10%左右。

松花江是我国七大江河之一，是东北流域面积最大的河流，南北二源在嫩江处汇合，纯净的江水穿过兴安岭，注入黑龙江。有一首歌唱出了松花江那优美的景象："松花江水波连波，浪花里飞出欢乐的歌……"就是这样一条养育着关东人民的河流，如今，污水正毒化着它的躯体。沿江两岸糖厂、造纸厂及城市的污水大量地排入松花江的最大支流嫩江，使江水污染。每年都有数百万千克、几十个品种的鱼被毒死。其中1966年1—2月的一次，死鱼江段达500千米，密度达80尾小鱼/平方米。仅打捞上来的死鱼就有300万千克。经查，"凶手"是拉哈糖厂、齐齐哈尔糖厂，真是"甜"了人，"苦"了水，"死"了鱼。

据近年来全国水域的环境质量监测调查统计，我国江河水质污染较为普遍。全国532条河流中有436条受到不同程度污染，约占河流总数的82%。在流经42座大中城市的44条河流中有93%被污染。其中重污染和中污染占79%。在全国七大河流所流经的15个主要城市河段中，有13个河段水质严重污染，氨、氮、有机物及重金属污染程度较高。

长江是我国第一大河，全长6 300多千米，流域面积180万平方千米，如今也难逃被污染的厄运。目前，长江干流每天接纳污水量达3 000万吨。而攀枝花、重庆、武汉、南京、上海五大沿江城市排放污水量占全流域排入长江污水总量的80%以上，形成"污染带"累计长达800千米。如此下去，用不了多久，长江就会变成一条"污江"了。

"太湖美，美就美在太湖的水"，这首充满江南水乡韵味的歌，道出了太湖美的真谛，也常常引起人们的遐想。而近几年来，太湖的水已渐渐失去了它的美丽。"人间天堂"、"鱼米之乡"优越的自然条件和自然资源并没有给它带来好运，反而使其水质日趋恶化。沿岸流失的化肥与农药、居民生活污水、中小企业工业废水和水产养殖业产生的污染物，铺天盖地地向它袭来，使这美丽的湖水发臭。沿岸的老百姓有句顺口溜："50年代淘米洗菜，60年代洗衣灌溉，70年代水质变坏，80年代一大公害。"

太湖奉献给人类的是美丽，而人类却害得它发臭。太湖在流泪，江河在呻吟。那跳动的水体再也不能负载人类给予的废弃物了。它向人类敲响了声声警钟，人无远虑，必有近忧！如果人类再不控制水污染，将会有更多纯净的水远离人类，更多的鱼类死亡，更多的青蛙畸形，更多的人得病。那时，人类看到的最后一滴水将是人的眼泪！

人类在水体污染面前，再也不能无动于衷了，必须还碧水本来面目。值得欣慰的是，现在防治水污染的科技之花已盛开在地球的各个角落，科学家们几十年的努力，创造了"死河复活"的奇迹。

著名的英国泰晤士河，全长346千米，流经拥有1 000万人口的工业区，向东汇入伦敦港。18世纪左右，它一直是英国的象征，以盛产鲑鱼、香鱼、银鱼著称。但是，随着工业的发展，沿河两岸不断建起新兴的城市，工业和生活废水源源不断地流入河中，1850年后鱼虾绝迹，成了一条污浊的"死河"。由于水太脏，在1832—1886年，"死河"使伦敦4次流行霍乱，仅1849年就死去14 000人。前几年英国在河流两岸兴建了大型污水处理厂和合流制下水道截流管，把晴天的污水和雨后经雨水稀释的污水，分别送处理厂处理后再排放，从而使"死"去的泰晤士河复苏，在1969年已重新出现了欢蹦乱跳的鱼群。

北美五大湖有美国的"第四海岸"之称。其中的伊利湖因为每天要接纳城市和工厂排出的污水74亿升，也曾经陷入过"湖泊之死"的危机，湖水又脏又臭，人们连游泳都找不到地方。但经过治理，多年不见的梭鱼、鲑鱼又回湖"产子落户"了。

莱茵河是欧陆最繁忙的河道，源自阿尔卑斯山区清澈见底的湖泊，蜿蜒1 312千米，流入北海。但近数十年，莱茵河吸纳了沿河国家的大量污染物，如瑞士化工厂的杀虫剂、法国矿区的钾盐、德国工厂的重金属，使它成为一条"欧洲的阴沟"。

到1970年，莱茵河自法、德以下河段已成一条死河。大量未经处理的污液耗尽了水中的氧，河中生物几近灭绝。汞与镉的含量远远超过标准。德国科隆附近200多千米的河段，由于污染过于严重而被列为危险区。

可是1995年11月，法国生物学家却有了惊人的发现：20世纪50年代以来，首次见到三文鱼和鳟鱼逆流而上，出现在莱茵河的上游。他们在斯特拉斯堡以北的大坝旁，捕获9条三文鱼、35条鳟鱼。有的鳟鱼身上带有荷兰同行放置的标记，由此可知，它们沿河而上，一路游到这里产卵。这些鱼对各类污染非常敏感，它们的出现，证明整条河水质已经改观。三文鱼和鳟鱼重返莱茵河，被认为是莱茵河紧急拯救行动的胜利。

武汉东南鄂城县的鸭儿湖，那里碧波粼粼，湖床清澈可见，湖水与绿叶掩映，值得一游。可是，你可曾想到在1972年以前，它却是一个臭气熏人的"死湖"！那时的鸭儿湖由于受到一座化工厂废水的污染，湖中水草枯萎，死鱼漂浮，沿湖农民下田劳动后双足都长满红疹，奇痒难熬。仅1962—1975年间就有1 634人中毒。今天展现在你眼前的"湖清水绿、莲香鱼肥"的鸭儿湖，是中科院水生物所根据鸭儿湖的天然地形，采用氧化塘藻菌共生系统，利用水中自然存在的微生物和藻类对污水处理的结果。这种处理方法不仅可使水中的"六六六"、有机磷等农药的分解率达到80%以上，而且还可利用污水和废水中的有机物，在生物氧化过程中转变的藻类蛋白养鸭。现在，湖水美丽的青春得以恢复，又成了荷叶吐绿、游鱼如梭、鸭儿成群的名副其实的鸭儿湖。

为了截住造纸厂排放的污水对河流的污染，我国政府在1996年作出了《国务院关于环境保护的若干问题的决定》，指出在1996年9月30日以前，对现有年产5 000吨以下小造纸厂、年产折牛皮3万张以下的制革厂、年产500吨以下的染料厂，以及采用"坑式"、"萍乡式"、"天地罐"和"敞开式"等落后方式炼焦，炼硫的企业，由县级以上人民政府责令取缔；对土法炼砷、炼汞、炼铅锌、炼油、选金、农药、漂染、电镀以及生产石棉制品、放射性制品等企业，由县级以上人民政府责令其立即关闭或停产。对逾期不按规定取缔、关闭或停产的，要追究其有关地方人民政府主要领导及有关企业负责人的责任。

政府动了真格的，下了大决心，锁住"污染源"的战役很快在全国展开。

居住在千里淮河发源地的河南省桐柏县人民惊喜地发现，淮河水变清了，群鱼欢游的景象又出现了，不少打鱼人重操旧业，这得益于该县大规模的治污工作。

为使淮源变清，该县投入资金2 000多万元，这相当于该县将近半年的财政收入。该县在锁"污染源"的同时，对该县的新上项目实行"环保部门"一票否决权，对现有沿河企业安装治污设备。

治淮成效显著，如今淮河水质化学需氧量、悬浮物、pH值均有所降低，水质已达到国家规定的一、二类标准，群鱼又可以在河中繁衍嬉游。

警惕，城市中的"陷阱"

提到"陷阱"，人们自然而然会想到在战争时期，用来诱捕敌人的一种简单的战术设施。说它简单，是因为人们只需挖个深坑，在坑上面盖上和周围地面相同的掩盖物，就可诱敌自投罗网。

如今，在许多城市的下面却出现实实在在的"陷阱"。它既不是战争的"遗留物"，也不是人们有意营造的，而是由于人们超采地下水，使地下水大幅度下降，形成漏斗。漏斗上方地层中原来被水占据的空间就变成空隙，从而形成地道似的"陷阱"。

在人们越来越多地对地表上的江河湖泊的水质感到怀疑的时候，内心或许并没有感到多少紧张。他们把希望的目光投向了大地的深处。虽然看不见，但是他们知道，大地深处有水，而且那水晶莹清凉。也许地下水就是人类生存的最可靠、最永久的保障。

人们没有对地下水产生一丝的怀疑，在人们的想象中，厚厚的土壤是个大过滤器，所有的污物都会被它阻挡在地表上，所以地下水一定是纯净的。

于是人们向大地深处讨水，启用了现代化的设备，对地下水进行的掠夺式开采，看到田地下喷涌出来的泉水人们欣喜若狂。当人们肆意地使用着"纯净"的地下水时，他们哪里会想到，在脚下逐渐出现了一个个令人胆寒的陷阱，它们犹如一个个张着血盆大口的猛兽正准备吞噬地面上毫无察觉的人们。

著名的杭州风景区的凤凰山下，从20世纪70年代至今，先后发生了5次坍塌。山水甲天下的桂林，塌陷密度为0.28—1.28。每平方千米坍陷点达189处。自20世纪50年代就处于地裂缝活动期的西安市，7条地裂缝带正危及上百个单位和7个村庄的安全。山东省泰安县以南，泰辛铁路与津浦铁路相交的三角地带，自1975年以来就发生了20多起地面塌陷现象。陷坑直径一般在5—6米，最大的10米，可见深度为3—5米。塌陷区房屋倒塌，铁路路基被破坏。1981年4月—1982年8月，枣庄市十里泉发生大小塌陷24处，塌陷面积达3 000平方米。1983年又塌陷了4处，而且原塌陷范围不断扩大。天津市全市已有7 300平方千米的地面发生下降，占全市总面积的64%，地面以每年85毫米的速度下降，现在累计最大沉降量已超过2米，仅1980年一年就沉降了291毫米。截至1992年，已发生地面沉降的城市有36座，大部分在沿海地带。

地面下沉、塌陷、裂缝等，都是超采地下水而引起的地质灾难，形势非常严峻。地表的负载力毕竟是有限度的，连年不断地超采地下水，使地下的漏斗区不断扩大，怎么能承受住地面巨大的压力？即使自身不发生塌陷，也容易诱发其他地质灾害。地下漏斗，可怕的"地狱"，随时可能向人们露出狰狞的面孔。

哈尔滨的地下水资源本来很丰富，净贮量约为50亿立方米，可开采量为每日24万吨。

但哈尔滨以每日50万吨的速度超采地下水，于是造成了哈尔滨市区地下大漏斗的形成。每年平均下降了0.6米。

全市形成5个较大的下降漏斗。

　　大连市由于超采地下水，降落漏斗水位标高已低于海平面，造成海水入浸的盐碱灾害。到1978年，入浸的面积已达29平方千米，海水浸入的最大距离达7.5千米。山东省有3 000多千米的海岸线，从1975年以来海水入浸面积共达863平方千米，使地下水的矿化度增高，含盐量增加。由于高矿化度的海水浸入水源地，使井中氯离子的含量增高，水源井报废，农作物受到损害。

　　漏斗区的形成，是一种危险的征兆，它不仅预示着水源的逐渐枯竭，而且很容易发生地面塌陷，造成巨大的危害。如果人们事先能想到这些或许是可以避免的，一切都是为了眼前的一时获利，而没有想到获利后所面临的灾难。然而，更让人想不到的是，人们付出如此巨大代价而获得的地下水也受到了不同程度的污染。当初，人们对大地深处寄予的希望变成了失望。

　　沈阳是我国重要的重工业城市，曾一度以工业高产值而扬名华夏。然而现在，它却以另一个名字——"地下水污染大户"名列全国城市之首。

　　沈阳的地下水污染已经到了被黄牌警告的地步。以1985年监测资料为例，挥发酚、油、氨基物在132眼监测井中，超标率分别为35.6%，52.8%，76%，全年监测井平均超标数：酚4倍，氨基物4.4倍，化学耗氧量、石油类、氨类、亚硝酸盐、氮平均超标数都很高。沈阳市监测的132眼水井中有91%达不到生活用水标准。为了对人民健康负责，受污染最严重的南塔水厂只好忍痛放弃。最严重的放弃了，那么严重的、次严重的该怎么处理？随着地下水污染的加剧，沈阳市能放弃所有的地下水吗？

地下水受污染的不仅是沈阳，在全国70多座大中城市中，几乎大部分的地下水均受到不同程度的污染。地下水的污染不仅范围广，而且发展速度快。

地下水污染主要是地面污染所致。此外，人工回灌补给地下水以及因地下水位下降、海水入浸等也是导致水质恶化的原因。

据上海地矿局测算，采用人工回灌补给地下水后，地下水污染物含量与原地下水相比高出10—20倍。仅亚硝酸盐一项，就高出100倍！而亚硝酸盐是主要的致癌物质。1990年，上海地下水水质属于清洁和轻度污染的仅占7.7%，重污染和严重污染的占52.6%。

今天的地下水，已不再是过去的地下水，水中已潜伏了危机与杀机。饮用地下水引起恶性病情的在我国已经屡见不鲜。抚顺市郊欧家村有60余户，300多口人，1980年4月份发现井中有很强的化学药物气味，饮用后出现头昏、恶心、皮肤发痒、起小泡等症状。经调查是市农药厂污水直接排入欧家河使地下水受污染所致。锦西市地下水受石油化工等工厂的污染，水中含油超标达40倍，含酚超标达330倍，2 000人出现不同程度的恶心、呕吐、腹胀等症状。鞍山眼前山铁矿患病34人。本溪南芬铁矿患病6 000多人。本溪市曾有12 000人患传染性肝炎，死亡94人。

当然，地下水还没有像地表水那样普遍受到污染，污染的程度也没有地表水那么严重。但人们对它的污染并没有停止，而且还在逐渐加重。如果它完全被污染，人们还有什么洁净水可饮呢？

想到地下水的污染，想到各城市越来越大的陷阱，我们真为在陷阱区地面上工作、学习及娱乐的人们捏一把汗，谁能预料，这些地方会发生什么样的灾难呢？谁能知道，大祸何时降临在哪些人头上呢？今天善良、无意的挖掘者会不会掉进自己设下的陷阱呢？

"水花"和"红潮"的灾难

提到水花，人们自然就会想到微风吹拂的水面掀起的朵朵浪花。然而，这里所说的水花是由水中浮游生物密集漂浮在水面而形成的五光十色的"水花"。在烟波浩渺的湖泊，广阔无垠的海洋常见它的身影。当它出现在水塘、湖沼的水面时称为"水花"，出现在海面时称为"红潮"。学术上把这种现象称为"富营养化"。它一般多发生在近岸海域及人口密集的城镇的湖泊中。在晚春和早秋的季节尤为严重。发生红潮的海水常带黏性和腥臭味，其颜色随浮游生物的种类和数量而异，由束丝藻产生的红潮一般呈红色或近红色。目前所知道引起红潮的生物就有30多种，它们吸收水中的氮、磷等营养物质，进行细胞分裂繁殖，并以各种形式漂浮在水面，在阳光照射下显出斑斓色彩，耀眼夺目。然而，透过这艳丽色彩的"水花"，我们却看到了另一番惨景，大量的鱼、虾、贝类悄悄地死去。究竟是什么原因使它们惨遭厄运？

众所周知，水中的生物离不开溶解在水中的氧，这些氧来自于空气。可是当"水花"发生的时候，大量繁殖的浮游生物密密麻麻地盖在水面上，不但降低了水的透明度，阳光难以穿透水层，阻碍水中植物的光合作用，并且减少和隔绝了水中溶解氧的来源，再加上藻类呼吸和细菌繁殖，更加倍地消耗了水中的溶解氧，造成溶解氧急剧减少，甚至出现缺氧层，使水生生物窒息死亡，特别是虾、贝类受害程度更加严重，几乎是全部死亡。因为"红潮"生物排出的分泌黏液及这些藻类死亡分解产生的黏液能附着于贝类和鱼类的鳃上，造成其呼吸困难，严重者致死。水中藻类的优势物种往往是蓝藻，它的分解物具有毒性，可使鱼、贝中毒，并可富集有毒物质在鱼、贝体内，进而使人和哺乳动物受害。在太平洋地区就曾经发生过因为食用了这些有毒的鱼贝，而造成4万人中毒的恶性事件。

"红潮"渔业和水产养殖业造成的损失是十分惨重的。

1972年日本濑户内海发生"红潮"后，仅养殖鲫鱼一项就损失了72亿日元。1984年为制止"红潮"花去了42亿日元也未能奏效。1966年，贝加尔湖因受纸厂废水污染，造成水体"富营养化"，仅仅几个月，湖中1 200多种水生生物就死去一半。近几十年来，我国海产资源迅速减少，主要的鱼类如大黄鱼、带鱼捕获量逐年减少。据统计1956—1959年黄海、东海黄鱼资源为23万—27万吨，20世纪80年代初降至2万—3万吨，下降了90％，小黄鱼由12万吨下降至目前的2.5万吨。舟山群岛四周海域的捕鱼量占全国总捕鱼量的1/10，1974—1980年间，上网的黄花鱼数量下降了88％，闽东渔场已连年捕不到大黄花鱼了。

　　藻类要繁殖生长，就要有足够的氮、磷等营养盐类和铁、锰等微量元素，这些元素是构成生物细胞的重要组成成分，在生命代谢中起着十分重要的作用。"富营养化"便是这些元素富集的自然过程。只要湖泊、海洋里的氮等营养物质增加到一定程度，藻类就有了充足的养分迅速繁殖起来。城市生活污水以及食品、纺织等工业废水中，都含有这类能助长藻类急剧生长的营养物质。近年来，引起"水花"的氮、磷等营养物不断增多，使湖泊和近海区藻类丛生，"红潮"事件频繁发生。日本濑户内海仅在1971年就发生过57次"红潮"。美国的伊利湖是典型的富营养湖，据说要恢复该湖的"青春"需要100年。

我国的海洋污染也在发展，据统计，近沿海地区每年排放的生活污水有15亿吨左右；沿海8 500多家工矿企业每天排放工业废水46亿吨；此外，海上船舶、石油平台、港口等每年产生各种污水3 000万吨，生活垃圾11万吨，煤粉尘14万吨。

大连湾是较早发生"红潮"的海湾，污染一度将海水变为绿褐色。在1973年的一次"红潮"中，使湾内香炉礁海区养殖的贻贝突然大量死亡，仅10天就减产了490吨。

太湖是我国四大淡水湖之一，自古享有"人间天堂"、"鱼米之乡"的美誉。而近10年来，太湖水质恶化，营养化程度正在加剧，沿岸流失的化肥、农药、工业废水正在大量排入湖内。据不完全统计，每年进入太湖的氮类物质4万多吨，磷3 000多吨。1990年8月，由于太湖水质恶化，湖中蓝藻高达13亿只/升。每逢旅游旺季，湖中藻类大量滋生，水花一片。景区附近湖水变绿，散发出腥臭味，使太湖风光黯然失色，大煞人们的游兴。

由于红潮事件的频繁发生，海洋生物资源遭到极大损失。据专家预测，如果不采取有效的保护措施，海洋天然生物资源灭绝只是时间问题。所以防止、减少红潮的出现，治理海水、湖泊营养化问题是20世纪末和21世纪初亟待解决的问题。

用什么方法可以解决这个难题呢？

1.可用人工曝气法。人工曝气法就是在湖岸上用空压机把空气送入湖底,使水含有一定的溶解氧,一般每年夏天进行一次,便可维持湖里水生生物生活一年。如在人工曝气之前先将含有藻类繁殖所需养分的湖底淤泥清除,则收效更佳。

2.减肥法。减肥法就是限制磷化物排放法。藻类在生长繁殖过程中,主要养分是氮、磷,还有铁、锰、硼等微量元素。控制这些养分的排放就能在某种程度上控制藻类的生长速度。但靠控制氮往往达不到目的,因为蓝藻能直接从空气中固定它所需的氮。而蓝藻死后,在分解过程中又释放出氮为其他藻类吸收。但控制磷,就能制止人为的营养富集化。当前测知,某些水域约有一半的磷来自洗涤剂。合成洗涤剂中含有三聚磷酸钠,它具有缓冲作用,能增加悬浮、分散和乳化污垢的能力。但进入水域却成了水生生物的肥料。自1945年合成洗涤剂起,至今诞生已有60多年的历史。其间,合成洗涤剂销售量猛增,特别是由于洗衣机的普及导致含磷洗涤剂用量大幅度增长。有关部门对我国滇池的磷来源进行过测算,每年生活污水中随洗衣粉带入磷93吨,约占滇池磷排放量的45%。控制或改用无磷或低磷洗衣粉势在必行。目前国际上除了采用化工方法生产洗涤剂外,一些新技术也日趋成熟,例如从动植物油中提炼皂粉,利用海水中的生物碱生产洗涤剂。目前国内获得环境标志的无磷织物洗涤产品按有磷洗衣粉的标准进行检测，去污能力均合格，价格在市场上也属于中低水平。即使无磷洗衣粉的成本高一些，只要能解决水体富营养化问题，也应提倡推广。

3.以草治藻。以草制藻是用植物来控制营养富集化的好方法。即在发生营养富集化的湖泊里栽种水草"满江红"，便可使湖水脱氮、脱磷，而吸收了氮和磷的水草还是很好的牲畜饲料或农作物肥料。此外，在浅水湾、河道两旁栽种苇草、香蒲、温藻等水生植物，除污效果也十分明显。

4.海洋除草剂。海洋除草剂是日本筑波大学的科学家从冲绳海藻中提取出的一种生理活性物质——十八碳四烯酸。他们把这种活性物质与引起红潮的大约30种有毒浮游生物放在一起，发现这些有毒微生物在1分钟内全部死亡。所以，如果发现海水中有毒微生物大量增加时，把这种脂肪酸撒向海面，可以收到良好的效果，而且它对其他生物无害，可作为海洋除草剂使用。

5.用禾本植物净化湖水。澳大利亚的韦里农场在20世纪80年代末利用禾本科植物净化湖水，使附近的800万居民受益，湖中生长的草还成了2万头牛和5万只羊的丰美饲料。

海豚和鲸为何集体"自杀"

近20多年来，人们经常在电视里看到这样的场面：几十只海豚或鲸在海滩上集体"自杀"。尽管海浪一次次冲上岸对这些世世代代生活在大海中的高智商动物加以"挽救",但它们还是静静地、毫不犹豫地等待死亡,而"不愿"再回到那难以继续生存下去的海洋家园。

面对大自然中的这一凄惨的景象,人们不禁要问:它们为什么要集体"自杀"?它们选择死亡的原因是什么?从目前科学家研究的结果来看,集体"自杀"的原因来自海洋污染。科学家们认为,鲸和海豚是高智商动物,在正常情况下,它们不可能因迷路而离开赖以生存的水区而冲上海滩。德国海洋学家特奥波尔德教授在一份研究报告中指出,生存环境被污染是鲸和海豚集体"自杀"的主要原因。他曾在许多条已腐烂的海豚脑中发现高浓度的三丁酯锡毒液。这是受污染的海洋中一种危害性最大的毒素,它来自船体保护漆三丁酯锡。这种油漆涂在船体上可以防止藻类和贝类动植物寄生船体而影响船速和损害螺旋桨。据调查,目前海洋中约含数千万升的三丁酯锡毒素,并呈增加趋势。特奥波尔德教授指出,三丁酯锡毒素是迫害鲸和海豚集体"自杀"的"凶手",因为它能够损害动物神经细胞和内脏,并能损坏脑神经,使动物丧失辨别方向的功能。鲸和海豚特别喜好追逐船只驶过留下的波浪,时间长了很容易中毒。由于鲸和海豚有集体行动的习性,如果一条鲸或海豚中毒后失去辨别能力而冲上海滩,其他鲸和海豚也会紧随其后。从而发生一宗宗集体"自杀"的惨案。这样，从实质上看来，鲸和海豚是集体遭到他杀。在20世纪80年代末期，有人发现美国各地河川湖泊的淡水鱼普遍患上了令人忧心的癌症，尤以肝癌居多，布莱克河里鲇鱼的肝癌发病率达80%，赫德森河中两岁左右的鳕鱼几乎100%患肝癌。1985年，我国四川璧山县和风镇曾发生数万只螃蟹离水聚会于300米长的石壁上，一个挨一个"静坐示威"达4天之久的事情。与此同时，河水中的草鱼、鲤鱼等也开始露嘴慢慢浮游在河面上。有关人员分析，这百年难遇的情况是人们乱倒垃圾致使水中缺氧造成的。

猫狗跳河投海自杀，鲸搁浅，海豚触岸，海蜇消亡，螃蟹"示威"……一件件惊人的事实，表明人类正在毒害着海洋与河流。

每年全世界还有1 000万吨石油从江河注入海洋。

每年约有1万吨金属汞从各种渠道进入海洋。

1990年海湾战争导致大量的原油流入海湾水域，形成一条长56千米、宽16千米的油膜，使科威特的大部分淡水供应设施遭到破坏，200万只鸟丧生，大批的鲸和海豚死亡。

保加利亚的黑海区域已被垃圾、石油和工业废水废渣包围，波兰境内入海的河流95%被污染。地球上每年有4 500亿吨污水流入江河湖海，其中危险废物以每年5亿吨的速度猛增。在欧洲，危险废弃物的回收率只有10%—15%。海洋污染最重的地方是近海海域，进入海洋的废物90%都集中在这一水域中，如波罗的海、地中海、东京湾、墨西哥湾和波斯湾等，在这些海域，海洋生物大量减少，鱼、贝类濒于绝迹，有的已经变成了死海。

我国的海域辽阔，纵跨温带、亚热带和热带3个气候区，海岸线总长3.2万千米，岛屿有6 500多个，我国海域蕴藏着丰富的海洋生物资源、能源和矿产资源。海洋生物为人类提供高蛋白食品和药用工业原料，目前已知有30多万种海洋生物可供提炼蛋白和抗生素质药物，有246种海洋生物含有多种维生素。海洋除盛产食用价值极高的鱼类外，还养育着牡蛎、贻贝等贝类和对虾、龙虾、磷虾等甲壳动物百余种，例如，南大洋中现有磷虾资源50余亿吨，每年至少可捕捞1.5亿吨而不会导致破坏生态平衡。这一数字已两倍于目前世界年渔获总量，南大洋可称得上是"世界蛋白质巨库"。海洋藻类是一种贮量很大的生物资源，科学家把它看做是人类未来的巨型粮仓。目前已知可供食用的海藻有百余种，它们不仅是营养丰富的代食品，还可防治多种疾病。

大海，给予了人类许多许多，它以博大的胸怀容纳了人类给予它的污染、毒害。战争时期，成百上千条军舰、成千上万架飞机葬身海底，大海忍气吞声"吃"了这些

"苦果"。世界进入相对稳定的和平发展时期，大工业生产所产生的废水、废渣，每年频繁的船舶漏油、海上石油大火，以及倾泻到海洋里的各种垃圾，使海洋不堪重负。海洋的净化能力是有限的，40升清洁的海水只能分解1升石油；100万升清洁的海水只能分解1升有机磷。

海洋污染首先受到损害的是水产资源。如大连湾海域过去盛产扇贝、海参、海带，是渤海和黄海主要海珍品和海带的生产基地。由于海域污染，从20世纪60年代初到70年代初，先后有7处海参渔场、2处扇贝渔场和大批海带养殖场报废，每年损失海参1万多千克，扇贝10万多千克，海带7 000多吨。胶州湾的特产海蜇和黑加吉鱼基本灭绝。舟山渔场是我国最大的渔场，水产资源非常丰富，盛产大黄鱼、小黄鱼、带鱼、墨鱼和凤尾鱼，贝类有300多种。近年来由于海域污染日趋严重，渔业资源明显减少，水产品的质量和产量大幅下降。

渤海和黄海是洄游性鱼虾产卵的场所，洄游性鱼类有小黄鱼、大黄鱼、带鱼、鲆鲽和鲐鱼等10多种，这些鱼的产量在历史上曾占整个渤海、黄海鱼产量的一半以上。但由于海湾的污染，产量已明显下降，有的鱼类已接近绝迹，如小黄鱼、鳓鱼等。

石油污染给渔业生产带来的损失更重。在1970年南排河口一个高产油井发生井喷，有约300吨原油直接入海，使沿岸20个渔业大队遭受损失，有32万千克鱼被污染，3 791条渔网沾上油污，渔民停业15天。1984年深圳桂山区海湾因受石油污染，使网箱养殖的石斑鱼出现盲眼、烂皮等疾病，20天内死鱼9 500多千克，损失47万元。拆船业的油污染对水产资源的影响也很严重：如连云港高公岛拆船公司在1984年，不到2个月的时间内向海湾倾倒废油100多吨，使3 000多千克对虾死亡；峡山拆船厂1983年11月因船失火造成大量油垢漂浮海面，滩涂重油厚达10厘米，使近7公顷的海域牡蛎死亡70%，毛蚶死亡50%，离事故地点15千米之内的海带不能食用；大连市复县交流岛拆船厂拆解了2艘废船，由于溢油使长达55千米的水域受到污染，附近的渔业生产损失近百万元，4个养殖专业户养殖的虾苗死亡305万条。

石油污染还严重地影响海滨景观。1984年9月28日，巴西油轮"加翠号"装有13万吨原油，在青岛胶州湾触礁搁浅，原油大量外溢，不到半天时间，污染的海域就达10多平方千米，碧绿碧绿的海水，转眼成了一片油黑。小鱼小虾被油层封住，很快中毒死亡。雪白的海鸟那丰满的羽毛一旦沾上油污，便会失去隔热和漂浮能力，昔日有力的双翼再也带不动灵活的躯体，它们飞不起、游不动，瑟缩着身子冻饿而死。偶尔闯过困境的幸存海鸟，披着沉重的"黑纱"凝望着布满油污的大海，等待着人类的救援。更为严重的是美丽的海水浴场沙滩上，多了一层黏黏糊糊的油层渗透于沙砾之间。石油污染了海水、滩涂和礁石，远远望去，海面呈现出一派黑色的"世界"。许多游人乘兴而来，扫兴而归。

防止海洋污染已成为当代人责无旁贷的历史使命。

为了监视海面溢油，丹麦在20世纪80年代末研制了一种自动报警器。这种报警器漂浮在水面，遇油时由吸油传感器吸收水面油污后自动分析，在10—30分钟后发出无线电讯号和红灯信号报警，使周围30千米里内的船只和60千米内的飞机都可收到讯号，报警时间可持续30小时之久，这便于人们及时发现并迅速处理。

现在，科学家们研制了一种以硬化油系统解决石油溢出污染的新方法。这是利用一种可迅速与石油分子联键的高聚合物，它能把石油包裹起来形成一种洁净似胶的固体化合物。油被凝结后就不能在水中扩散了，便于回收。

为了挽救被石油污染的海鸟，人们自发地成立了一些海鸟急救中心，为海鸟清洗油污。科学家们发明了一台被称为"旋转医生"的油污清洗机。它的操作有点类似洗车的机器，它有一支旋转的喷嘴，往海鸟身上的羽毛喷射清洁液，并持续喷洒温水。海鸟被固定在一个金属托架里，头部则被突出在托架之上。喷嘴通过设计的循环程序，喷射出适量的清洁液及温水。而海鸟的头部，则由工作人员用刷子来清洗。首次用这台清洗机为海鸟治疗的是维尔斯马夫妇，他们以前用手为海鸟清洗油污，但效果不理想，海鸟的成活率很低。采用这种新方法后，将海鸟的存活率提高到65%。清洗后的海鸟，披着一身光亮清洁的羽毛，又可以在海面上自由自在地飞翔了。

人们拯救海鸟的行动，可算是人类对污染海洋的一个小小的赔偿吧。为了使重获新生的海鸟再不受到海洋中有害物质的污染，应该采用各种各样的治本措施。而"水上绿化"是近几年来得到普通认可的一种方法，它具有成本低、效率高的特点。

适合开展水上绿化的植物很多。例如，水葫芦原是生长于美洲热带的植物，叶片青绿光滑，开蓝紫色小花，盛开时色泽鲜艳非常。后来人们把它作为观赏花卉带到了非洲的刚果河畔，美丽的水葫芦以惊人的繁殖力迅速地占领了刚果河，先迫使大船停航，不久连小船也无法通行了。刚果河成了废河，人们只得动用舰艇和直升机把价值上百万美元的除锈剂撒入河中。开始时，大片的水葫芦枯萎了，可是人们还没来得及为此庆贺时，半个月后它又更加蓬勃地生长起来。水葫芦顽强的生命力引起了环境保护专家们的兴趣。经研究发现，水葫芦具有吸收水中有毒物质的功能，可以在24小时内从浓度为1/100 000的含镉污水中快速富集到近100%的镉。50千克水葫芦48小时内可除去14克酚，72小时内可去除6克左右的有机污泥。此外，水葫芦还有一种净化被放射性污染了的水源的用途，堪称功能齐备的"净水器"。

芦苇、香蒲、灯心草、风信子、水菱等可净化城市生活污水和工业废水，吸收镉、汞、铅、氮、磷、钾等有害物质。美国利用风信子净化垃圾湖和工厂废水的地方数千处。德国用种植有芦苇、黄菖蒲的植物净化纺织厂废水收效很好。海藻的净污能力也很惊人，德国的海洋植物学家曾经做过这样的试验，将海水和污水放入净水罐里混合，然后放入海藻，海藻在混合液里生长繁茂，很快就耗尽了污水中所含的氮和磷酸盐。水菱用以净化被粪水弄脏了的池水、河水，能很快消耗掉水中的有机物和有毒重金属。

近几十年，用林地植被净化污水也受到人们注意。据研究，在一定密度的林地中，污水径流30—40米宽，氨氮可减少33%—50%。污水流经正常密度的有林山地再流入河谷中，是流经无林山坡再流入河谷水中溶解物的39%。污水流经30米宽、50米长的杨桦混合人造林地，每升水中的细菌量减少90%。

海洋是生命的摇篮，生命之帆曾在这里扬起。爱护海洋，保护海洋是地球上的每一位居民的责任。如果我们继续以大自然的主宰者自居，不顾及生态平衡，肆意破坏它，那么大海将会变成毒海、死海。当所有的海洋生物都像海豚一样离开了海洋，人类还能在地球上存活多久呢？

四、绿地

百孔千疮的绿色卫士

几十万年前,我们的祖先在森林中学会了直立行走,并以森林为背景开始繁衍生息。有史以来,各种绿色植物在装点地球陆地、美化人们生活的同时,发挥着它独特的生态功能和社会功效。

据估计,目前森林和林地大约覆盖着世界陆地的1/3,从北半球的松树森林、赤道的热带雨林到南半球的温带森林。森林是陆地生态系统中最复杂最重要的一部分,它的绿色是地球上一切生命的象征,它是自然界物质和能量交换的最重要的枢纽,是保护人类的"卫士"。

树木枝叶繁茂,是"吸碳制氧的工厂",是大地之肺。它吸收二氧化碳,放出氧气。每公顷森林,每天可提供750千克氧气，并运走1吨二氧化碳。每公顷绿地，每天能产生600千克氧气，吸收900千克二氧化碳。按每个成年人每日呼吸需消耗0.75千克氧气，排出0.9千克二氧化碳计算，只要10—15平方米的树林或25—50平方米的草地，就能供给每个城市居民每天所需要的氧气，并吸掉呼出的二氧化碳，保持城市有洁净的空气。

树木不仅能吸收二氧化碳，还能吸收大气中对人体有害的其他气体，如氟化氢、氨、氯、汞蒸气等。据统计，全世界一年排放的污染物达1.5亿吨，其中有80%降到大地，除部分被雨水冲洗外，大约有60%是依靠植物表面吸收掉。如臭椿、夹竹桃是对二氧化碳吸收能力很强的树种。所以绿色植物是有害气体的净化器。

许多树木在生长过程中能分泌出大量挥发性物质——植物杀菌素，能抵抗一些有害细菌的侵袭，减少空气中微生物的含量，所以树木常被人们称为天然"防疫员"。早在19世纪末，就有人将针叶树的针叶分泌物用于外科手术的消毒。据科学家分析，1公顷圆柏林一昼夜能分泌60多千克的杀菌素，可以消除一个中等城市空气中的细菌，杀死白喉、肺结核、痢疾、伤寒等病菌。据调查，公园绿地1立方米空气中含有细菌300—1 000个，在闹市区达到3万—4万个，百货商店内达400万个，而林区只有55个。绿化地带比无绿化市区街道，每立方米空气中含病菌量少

85%以上。例如，北京中山公园空气中的细菌只有王府井大街的1/7。对于躲进水里的细菌，绿色植物也不放过，流过30—40米宽的林带后，水的带菌量将减少50%左右，沉淀物减少30%—50%，水也变得清澈透明，甚至有些带臭味的水经过林带后，气味也不那么浓了。

夏天人们喜欢在树荫下乘凉。枝繁叶茂的树冠，能把大约13%的太阳光反射回去，吸收约70%，只有15%左右能透过；巨大的树冠又像抽水机和喷水机一样，从地下提取水喷射到空中，使得林木上空积聚着大量的水蒸气，调节空气的湿度；树木的枝叶还能使气温变化平稳。

树木成林能降低风速，能保护城市和农田。如林带高3.5米，在距林带70米内的背风地方，风速可减小35%—40%；城郊造宽20米的防风林带，能减风速30%。城市园林绿地内的风速较城市空地平均减速每秒0.33米。

城市中工业生产的机器和交通工具的噪声，影响人们工作和休息。密集的树叶和草茸能减弱声波的传送能量。公园里成片的树林可降低噪声26—43分贝。城市中绿化的街道比不绿化的可减低噪声8—10分贝。人在占地1亩（1亩=666.7平方米）的树林内则听不见林外汽车发动机的声音。

许多树木对空气污染物质十分敏感，在低浓度和微量污染的情况下，一些植物就会出现受害症状反应，故能起

"报警"和"天然大气监测员"的作用。如"雪侮霜欺香欲烈"的梅花经受不住二氧化硫的折磨，文静、秀丽的兰花招架不了光化学烟雾的荼毒。它们的愁容病态预报着污染的"敌情"。唐菖蒲、桃花、杏树、落叶松能"发现"氟化氢的存在，紫花苜蓿能"侦查"到混在空气中的二氧化硫，蔷薇、烟草、矮牵牛专门感知臭氧和汽车尾气。除此之外，绿色森林每年还提供1000亿美元的林产品，地球上1/2以上人口的燃料来自森林，森林也是几百万种动植物的栖息地。

由此可见，绿色的森林与地球上的环境和人体的健康有着密切的关系。它犹如能干的绿色"卫士"保护着人类。而如今，这个"卫士"自己却千疮百孔，疲惫不堪，朝不保夕了。

地球上的森林正在减少，每年砍伐的森林达2000多公顷。据统计，从1950—1985年，全世界的森林面积减少了一半，森林生态危机正在世界各地蔓延。

世界舆论惊呼："救救热带雨林！"热带雨林覆盖了陆地面积的1/6，它不仅孕育着数百万种动植物，还养育着这一地区近10亿人口。这孕育着巨大财富的热带雨林，目前正以每分钟34公顷的惊人速度消失着。在过去的30年中，由于大量的毁林开荒、砍伐林木，已有40%的热带雨林遭到破坏。一些发展中国家，由于大量出口木材和伐木作薪柴，将大片的热带雨林夷为平地。尼日利亚的热带雨林覆盖面积已减少了90%以上，加纳减少了80%，巴西大西洋沿岸热带雨林减少了98%。在亚洲，传统的木材出口国马来西亚、泰国和菲律宾，由于过度砍伐，不久的将来可能会从木材出口国变成木材进口国。如果对目前的乱砍滥伐现象不加以制止，不用多久，热带雨林将会永远从地球上消失。

全世界森林覆盖率为陆地面积的32.3%。圭亚那是世界上森林覆盖率最高的国家，为98.6%，其次是苏里南，为95.6%。亚洲森林覆盖率最高的国家是韩国，为74.4%，其次是柬埔寨和日本，分别为70.2%和66.8%。森林覆盖率最低的国家是埃及，仅为0.02%；还有马耳他、阿曼等15个国家和地区没有森林。世界现有森林面积为43.2亿公顷，现有森林蓄积总量为3 148亿立方米。林木蓄积量最多的洲是南美洲，为915亿立方米，人均林木蓄积量为500立方米，亚洲人均林木蓄积量最少，人均仅为20立方米。人均林木蓄积量最多的国家是加拿大，人均为768立方米，其次是蒙古人民共和国，人均林木蓄积量为670立方米，最少的是墨西哥，人均林木蓄积量只有1立方米。

我国的森林面积约1.19亿公顷，森林蓄积量80.9亿立方米，森林覆盖率为12.98%，低于世界森林覆盖率平均值（30.67%），在全世界200多个国家和地区里，排在第131

位。在我国，森林覆盖率最高的是台湾省，最低的是青海省。森林面积最大的是黑龙江省，其次是云南、四川，最小的是上海和天津。

我国的森林按人口平均，每人只占有森林面积0.1公顷，蓄积量6.97立方米，同世界人均占有森林面积（0.65公顷）和蓄积量（172立方米）相比，相差很大，在全世界200个国家和地区中，排在第136位。

由此可见，我国的森林资源十分贫乏，而森林减少的速度却又是令人吃惊的。

东北是我国最大的产林地，素有"森林公园"之称。如今这座美丽的绿色公园的面积已减少了2/3，有些地方已到了无林可采的地步。在东北地区流传着这样一句话："近山光，远山烂，不远不近剩一半。"

神农架是我国原始大森林区，现在除了漫山遍野的灌木丛、箭竹、草甸以外，只能偶尔见到寥寥可数的几棵较大的冷杉和光皮桦。20世纪60年代初成立了森林开发指挥部，当时开发的目的是伐木修路，把神农架建成湖北省用材基地。从70年代开始，神农架便在隆隆炮声、电锯、卡车的轰鸣中惊醒了、沸腾了。大片大片的树木被砍光，飞禽走兽纷纷逃离。这里每年向国家无私地奉献出十几万立方米的冷杉、红松等木材。1970—1973年，武汉兵团曾开来了一个团的兵力向这里的森林开战，在立功嘉奖的诱惑下，有人竟创造了一天砍倒100多棵大树的"世界纪录"。80年代开始承包山林，砍树风越刮越猛，很多人靠砍树成了万元户。神农架的树木再次遭受了一次毁灭性的砍伐，就连直径6—8厘米的小树也没有放过。如果说国有林场是森林的最大砍伐者，那么，遍及各地的盗伐者则是造成我国森林资源枯竭的罪魁。

广西南丹县国有林场，曾是浩瀚的森林，自1987年以来被哄抢，1米多高的树桩上至今斧痕累累，昔日的林场，如今已是一片荒芜。

金沙江两岸自1988年入夏以来，再一次响起了盗伐者的刀斧声，使长江上游最后的绿色堡垒，面临一场新的劫难。大批农民开着汽车、拖拉机疯狂地涌进林区，肆意哄抢砍伐破坏集体和国有林，一株株树龄达300年以上的云杉、冷杉在斧声中轰然倒下，大片原始林区成了新的不毛之地。山外的木材老板蜂拥而至，更助长了盗砍的歪风。

在通往丽江大草坝林区，60米长的山路沿途，随时可见成群结伙的盗伐者，满山皆闻伐木声，拖拉机在原始森林中轰鸣，连片高大挺直的云杉、冷杉一棵接一棵地被砍倒。高峰时，每天盗伐者有700多人，汽车达70多辆。

这些树木被拉到黑市上交易，大把的金钱揣进了木材老板的腰包。他们哪里会想到，他们正在以破坏生态环境、破坏家园为代价来获取财富。据有关部门统计，如果对森林破坏现状不采取有力措施加以制止，长此下去，我国的森林覆盖率还会越来越少。东北、内蒙古林区现有82个林业局，2000年有50个林业局无林可采，有9个林业局森林资源枯竭；西南林区的40个林业局中，有23个林业局的可采森林资源，在今后10—15年内枯竭；南方集体林区传统林业县在减少。由于造林赶不上毁林，天然林区森林更赶不上采伐步子而使次生林和幼生林的比例加大，林质下降，势必导致森林资源完全枯竭。

中国及全世界的森林都在面临着被毁灭的危险，如再不采取有力的措施，制止毁林开荒、乱砍滥伐，恐怕在21世纪，世界森林就会所剩无几了。一旦绿色的生物圈被毁，人类面临着的将是巨大的灾难。

地球上的第50亿位公民

1987年7月11日，在前南斯拉夫的萨格勒布市，一个名叫马特伊·加斯帕尔的男婴降生引起了全世界的关注，世界各大新闻机构纷纷把他的诞生当做重大新闻报道。当时的联合国秘书长德奎利亚尔专程赶到医院，对他的诞生表示祝贺。这个举世瞩目的小男孩就是地球上的第50亿位公民。秘书长先生当然不是为了一个普通小孩的诞生而专程赶到医院的，他所关注的是50亿这个巨大的数字，这是一个引起全世界极大忧虑的数字！

有人做过推测和估算，在旧石器时代，世界人口每翻一番需要大约3万年，到公元年初期缩短为1000年，到19世纪中期又缩短为150年。到1830年左右，世界人口达到了第一个10亿。如果说在此之前，曾有过一段人口按指数增长历史的话，那么在此之后，人口就按超指数增长了。1930年世界总人口达到了20亿，100年时间里的人口增长数相当于历史上几百万年的人口增长数；1960年，世界人口达到了30亿，30年相当于前100年的增长数；1975年世界人口达到40亿，15年等于前30年的增长数；1992年，全球人口已突破54亿；2000年，世界人口总人数超过63亿。

在世界人口变化中，我国的地位举足轻重。我国是世界上人口最多的国家，历来以"地大物博，人口众多"著称于世。当我们意识到"人口众多"的结果时，我国已是地不"大"，物不"博"了。中央已意识到了我国人口的压力，控制人口增长已成为我国的一项基本国策；可是至今仍有大量国民不惜重罚也要生更多的"龙子龙孙"，殊不知当人口超出我们国家的承载力时，也就是我们子孙后代的末日。

我国的人口增长与世界人口变化有着大致相同的经历。1760年我国总人口为2亿，1900年增加到4亿，140年人口的增长相当于有史以来人口增长的总和；1954年人口达到6亿，54年等于前140年的增长数；1969年人口又猛增到8亿，15年就等于54年的增长数；1980年人口近10亿，在11年内又增加了2亿。1991年,世界银行在其《世界发展报告》中预测,2000年时,中国人口为12.94亿,2030年时增至16亿,21世纪中叶,增至18.9亿。自此以后,中国的人口才会出现零增长。

世界人口爆炸性地增长,我国的人口在恶性膨胀,庞大的人口给这个星球所带来的是难以承受的压力。对于人口这个巨大分母来说,广袤的土地、浩瀚的森林、丰富的淡水资源等,在极其庞大的人口面前显得非常渺小。

据联合国的资料,1975年人均耕地0.31公顷,2000年下降到0.15公顷,70年代初,平均一公顷耕地养活2.6人,2000年要养活4人。我国人均耕地本来就少,由于人口增长过快,同世界人均耕地相比就显得更少。1949年我国耕地总面积近1亿公顷,人均耕地0.18公顷;1957年耕地总面积为1.12亿公顷,人均耕地0.17公顷;1957—1985年,虽然,我们在此期间开展了围湖造田、填海造田、退林还田、退草还田、荒山造田等一系列扩大耕地的运动,但是28年间耕地面积却净减少了1493万公顷,而同期我国人口却增长了4亿多,人均耕地减少到不足0.1公顷。然而,近几年来耕地面积仍有减无增,全国人均耕地面积由1959年的0.1公顷下降到1994年的0.08公顷,仅相当于世界人均耕地面积的1/4。

前几年,不少地方出现了"开发区热"、"房地产热"，占用了大片良田。据不完全统计，各种类型的开发区圈占了60万公顷耕地，相当于一个中等省区的耕地面积。据有关部门统计，仅1992年兴办开发区就占用耕地146万公顷，其中不乏"圈而不用、开而不发"的被闲置的耕地。这些土地炒来炒去，到头来一无所建而撂荒。

许多有识之士呼吁，如不遏制乱占耕地的势头，到2050年我国将减少耕地0.4亿公顷，人均占有耕地仅0.04公顷。严重的问题还有很多，如从西北到东北，一条万里风沙线横亘11个省区，威胁1/3国土，我国农业灌溉用水比例已由1949年的80%降到1989年的68%，2000年降低到60%。

世界著名学者布朗向全世界宣告："21世纪，不但中国人养活不了自己，全世界都养活不了中国人！"因为全球粮食总产量为2亿多吨，而中国随着人口的增长，届时，粮食需求量将远远超过2亿多吨。世界为此发出惊问：21世纪，中国人能养活自己吗？我们无须轻信布朗先生的警世危言，但我们也不敢断言布朗先生说的就是一派胡言。因为，人口猛增、耕地锐减，加之轻农意识等触目惊心的问题，千真万确地给我们提出了21世纪的生存大问题。

我国历史上人地关系一直处理得不好。人口增长远远超过耕地增长，人地矛盾日益尖锐，越来越成为经济发展的制约因素。科学和实践都已证明，土地的生物生产量是有一定限度的，超过这个限度，不仅不能增加生产量，反而还会降低生产量。虽然适当地施用化肥和农药能够提高土地的作物生产量，然而，大量地无节制地使用化肥和农药，不仅污染和破坏生态环境，还给土地资源带来许多严重问题。据全国23个省（市）、自治区不完全统计，全国遭受"三废"污染和侵占的农田已达400万公顷。土地污染的严重性还在于污染的土地大部分集中在平原高产农业区，这些地方人口稠密，人均耕地少。特别是大城市周围地区的土地污染最为严重，而这些地区又是为城市人口提供主副食品的生产基地。土地污染造成的食物污染，对人体健康危害极大。

此外，随着有机质的减少，土壤板结、物化性能变劣、肥力衰退等问题，将更进一步加剧土地资源衰退的进程。

在人口激增、粮食短缺的压力下，肆意开发、过度放牧和破坏性的耕作制度，使土地资源发生了严重的退化现象，作物生产量严重下降，甚至完全丧失了生产能力。据联合国估计，全世界每年被迫弃耕的土地有500万—700万公顷。沙漠化是土地退化的一种严重表现。

人类对于干旱半干旱地区的土地不适当开垦，破坏了脆弱的生态平衡，虽然得到了眼前的一些利益，但很快就会使土地发生退化，短则两三年，长则七八年土地就丧失了生产能力，变成荒漠。

近50年来，我国沙漠化面积扩大了500万公顷，其中90%是滥垦滥伐和过度放牧等人为因素造成的。

虽然，我国每位父母可能都会为自己的"小皇帝"们积攒钱财，但在缺乏或没有资源、没有耕地的国度里，当滚滚的沙漠展现在未来的"小皇帝"面前时，他们手中的钱又能作何用呢？"但存方寸地，留与子孙耕。"让我们铭记这句警世名言，控制人口，爱惜脚下的土地，为子孙后代造福。

孤独的人类

美国最大的市内动物园——纽约布隆库斯动物园占地约10万平方米，饲养过561种动物。在动物园的类人猿展厅里，有一道奇怪的木栏。木栏面向观众一侧有一面玻璃，隔在黑猩猩和大猩猩房舍之间。木栏上面红底白字写着："世界上最危险的动物。"侧面看里面一团漆黑，但是，站在正面观看的人不约而同发出惊叹。原来，里面放着一面镜子，站在它前面就映出了自己的形象。这意味着："世界上最危险的动物是人类！"

把人看作世界上最危险的动物列在动物园里，这体现了美国式的幽默，大多数中国人并不一定能接受这种按中国人的习惯看来近乎恶作剧的幽默。

但是，从地球生物圈的范围看，美国式的幽默何尝不是在说明一个真理呢？自从人类诞生以来，从未受到与人类个体相同的动物制约。相反，人类作为生物圈中的一员，已经把其他动物逼到山穷水尽的境地。地球上每天都有一个动物物种消失，现有的1 000多个脊椎动物物种和亚种面临灭绝的危险。如此发展下去，到21世纪末，地球上全部野生动物将会灭绝，这将使人类的生存受到严重的威胁。

犀牛，是世界上最珍稀的野生动物。目前，我们的地球上只有5种犀牛生存。其中，以非洲的种群数量最多，占犀牛总数的70%—80%。

长期以来，由于犀牛不断被人猎杀和生态环境的破坏，使犀牛的分布区域日趋缩小，种群数量不断减少。自1970年以来，至少85%的犀牛已经由于偷猎和栖息地的破坏而消失。有关国际组织的一份资料表明：黑犀牛22年前还有65万头，而今仅存2 500头左右；亚洲的3种犀牛，现已不足3 000头。

1994年11月，来自世界生物组织的一份报告指出：全球珍稀动物的非法贸易额每年估计高达50亿美元，仅次于全球毒品交易。

全球人口的增长威胁鸟类生存。1994年8月17日，在德国罗森姆举行的国际鸟类保护大会上发布的信息表明：

世界鸟类中的40％正在减少，其中11％面临着灭绝的威胁。全球鸟类不断减少将会导致地球上1 000万种的植物和动物生命受到威胁。

在东欧，珍禽异兽死亡悲剧不断发生。在比利时动物园里3个月内饿死了大约500头动物，其中有狮子、豺、狼、斑马、黑猩猩、棕熊。在罗马尼亚、保加利亚、匈牙利、前南斯拉夫和俄罗斯，动物园的动物大量死亡。因为社会动荡不安，人们没有钱买饲料和药品，照料动物的饲养员有的也早已领不到工资了。

在美国，国家公园偷猎现象严重，非法交易额达每年2亿美元。世界上的动物，大如大棕熊、巨角岩羊、大角鹿，小如灰间王蛇、鸭、蜘蛛、蝴蝶，无一不成为斗胆的美国人在国家公园内捕杀的对象。野生动物保护组织的官员估计，每年至少有3 000头美国黑熊被人非法捕捉。在全美366个公园区，近一半遭偷猎者"光顾"。在美国黑市，一头大角羊可卖得1万美元，灰熊高达2.5万美元。至于鹰和一些罕见的蝴蝶，每只值1 000美元。对偷猎者来说，一头熊就好像会移动的银行账户一样。

中国是拥有野生动物种类最多的国家之一。拥有兽类近500种，鸟类1 189种，爬行类320种，两栖类210多种，占全球种类10％以上，中国珍禽异兽绚丽多彩，千姿百态，早为国际社会所羡慕。

然而，来自共和国最高权威部门的信息早已让国人忧心忡忡：在中国大陆，目前濒临灭绝的野生动物多达100余种。

当我们把忧患的目光投向共和国辽阔的疆域时，一幕幕狂捕滥杀的景象让人触目惊心。

四川，天府之国，是国宝大熊猫的故乡。

新中国成立以来，大熊猫作为国礼先后赠给前苏联、朝鲜、美国、英国等，并应邀在很多国家和地区展出，被誉为友好使者，成为一种举世公认的亲善动物。

远古动物能生存繁衍至今，本身就是一个巨大的谜。这无疑是大自然留给人类的一份宝贵遗产。但大熊猫也面临着厄运，人类的侵害加速了大熊猫的灭绝进程。目前只有四川、甘肃、陕西三省局部地区有野生大熊猫仅存1 000只左右。

大熊猫生存地区，多是海拔2 000米以上人迹罕至的贫困山区，金钱的诱惑使一些人铤而走险。近几年来，四川警方先后查处猎杀、倒卖走私大熊猫案件55起，判刑82人，其中死刑3人，无期徒刑3人。当今中国，一面是政府耗资数千万抢救国宝，另一面却在屡次发生猎杀大熊猫事件。

1990年2月28日，一辆蒙得严严实实的三菱重型卡车，昼伏夜行，诡秘地向山西匆匆进发。凌晨时分，卡车与一列飞驶而来的火车相撞，车翻货倾，驾驶员弃车逃走。当人们掀起帆布时大吃一惊：车上装的7吨多野味，全是国家二级保护动物黄羊和岩羊。这一偶然的车祸，揭开了一时轰动全国、震惊海外的山西运城地区"黄羊大案"。

警方查明：1981年，运城地区就有人大规模地收购黄羊。不能相信的是，1989年《中华人民共和国野生动物保护法》实施后，该地区非法经营黄羊的企业非但没有减少，反而越来越多，收购量越来越大。到1990年案发，运城地区6家企业共收购野生动物3 948吨，其中国家二级保护动物黄羊、岩羊、鹿等286.5吨。在北梯牧工商联合公司居然还发现了国家一类珍稀动物普氏原羚！人们说：山西运城成了野生动物的"公墓"了。

一位老专家抚摸着普氏原羚的头骨说："我搞了一辈子动物研究，都是在书本里见到它，今天才第一次看到实体，可是……"语未毕，泪流不止。

江西，一桩特大蛇案震惊全国。福建省有人在新建县以"福江蛇类养殖场"为名，自1987年以来，无视国家法律规定，无证在禁猎期捕蛇，竟然杀掉蛇14万余条，获取400余千克的鲜蛇胆，堪称中国第一蛇案！

目前，世界上的蛇类共有3 000余种，其中毒蛇650种左右，绝大部分分布于热带和亚热带地区。我国蛇类约150种，其中毒蛇约50种，多数分布于江西、广西、广东、云南、浙江、湖南、湖北等省区。据国家濒危物种进出口办公室提供的资料表明：近一年，我国出口活蛇58万条，蛇肉450吨，蛇肉干1万千克。在广州，每年吃掉蛇肉上千吨之多！

鸟类的命运同样悲惨。1991年11月18日晚，飞倦了的白天鹅和白额雁悄悄落入江西鄱阳湖，酣然入睡了。夜深人静之时，一张罪恶之网已经张开。朦胧夜色中，南昌县塘南乡蔡家村陈光华等54人向湖畔鬼鬼祟祟地移动。他们手持3米多长的土铳，瞄准了沉浸在梦中的白天鹅。一阵轰鸣，43只白天鹅、200余只其他鸟类死于非命。

青海，"长江之水天上来"的天上，母亲河的发源地，也是世界濒临绝种的珍稀动物——雪豹的主要栖息地之一。今天，这种珍贵动物剩下不足100只。而1989年，青海的4位农民一次竟猎杀了14只。

西安，驰名中外的古城。1981年，世界珍禽朱鹮，在这里首次发现，使这座古城再度名噪天下。为保护这批绝无仅有的珍禽，中科院派专家研究抢救方案。国家也明令划定了自然保护区。经过"十年磨一剑"，朱鹮终于发展到21只。而1990年，却被当地农民猎杀4只，闻者无不痛心疾首。

在中国的东北地区，由于大面积开发，东北虎已处于灭绝状态。在20世纪50年代数量达300多万只的麝，现在仅存二三十万只。若按现在每年猎捕数万只计算，麝的前景也是不言而喻的。

动物，作为人类的伙伴，自从有了地球的存在，就同人类一样共同繁衍生息在这个世界上。天地悠悠，岁月悠悠，历史的车轮驶到了今天，为什么有些人竟不能容忍与自己朝夕相处生活在这个地球上的伙伴呢？

当今世界，由于人类对生态平衡的破坏，人类也就不可避免地遭到自然界的报复。

在四川某农村，农民刘小明有一天在山后发现一只老虎，于是他便跑回家中拿枪瞄准老虎，开了一枪，刚好划破老虎头部，鲜血直流，老虎逃走了。谁知，从此招来大祸，这只老虎每天绕着刘家的房子转来转去，伺机报复，弄得家人日夜闭门不敢外出。打铜锣、开鸟铳都无效。10天后，刘10岁的儿子放学回家时，藏在草丛中的老虎突然蹿上来，将他活活咬死后逃走，其景惨不忍睹！然而，造成这幕悲剧的元凶又是谁呢？

中国是世界上鸟类种数最多的国家，自古以来，爱鸟护鸟是中国人民的传统美德。科学家们研究发现，世界鸟类95％以上是以昆虫为食的，它们是害虫和鼠类的天敌，是保卫农林牧业的忠诚卫士。

然而，近几年来，由于人类对鸟类的捕杀，鸟类的数量减少，使得农作物、森林病虫害泛滥成灾。玉米、大豆、小麦还在吐穗抽叶尚未进入成熟期，就已被各种害虫吃成"光杆司令"。1992年和1993年，全国各地的棉花均发生了罕见的虫灾，每棵棉花上平均生有棉铃虫30个，许多棉桃和花蕾被虫吃得一干二净。仅此一项，全国损失上亿元。

人是万物之主，不是万物之王，把动物都捕尽杀绝，人类自己也要面临生存危机。

"保护野生动物，爱护人类的朋友"是全人类共同的使命。

面对世界性狂捕滥杀野生动物的行径，中国早已向世界表明了鲜明而坚定的立场。我国自1980年加入《濒危野生动植物物种国际贸易公约》以来，经过十多年的努力，制定了有关法律、法规，基本上扭转了保护野生动物无法可依、无章可循的局面，使依法保护野生动物工作取得了举世公认的成效。

在大熊猫集中栖息地四川、陕西、甘肃三省，中国政府建立了13处大熊猫保护区。为了拯救因缺食而受到威胁的大熊猫，国家投资了4 000万元，共抢救大熊猫146只，救活了110只。目前林业部正在实施"保护大熊猫栖息地工程"，计划再新建14处大熊猫保护区，建立大熊猫种群间走廊带。

在加强野外保护的同时，我国在黑龙江、北京、云南、四川、湖北、湖南、广西、广东、江西等地已经建成或正在建设不同类型、不同规模的野生动物救护中心，开展人工繁育。湖北人工孵化成功的100万尾中华鲟鱼苗已放回长江。北京、上海、西安等地积极开展对大熊猫、金丝猴、华南虎、黑颈鹤等濒危野生动物的繁殖研究，并已取得成果。我国繁殖的国内外濒危珍稀动物达68种，其中繁殖大熊猫30多只，东北虎70多只。由于我国在保护世界濒危物种方面取得了巨大的成就，在第四届世界自然资源保护大会上，被授予"自然资源保护领导奖"。

为了充分显示我国政府履行国际公约的立场和决心，增强我国公民保护濒危野生物种的意识，1994年2月7日，在广东湛江，将190只、共230千克的犀牛角公开销毁。

地球，人类永远的家园。动物，人类永远的伙伴。每一位地球上的居民必须切记：保护野生动物，就是保护人类自己。

旅游垃圾

近几年来，寻幽探胜的旅游之风在全国兴起，男的、女的、老的、少的，工人、农民、学生、干部，自费的、公费的，个人的、集体的……上百万、上千万的游人涌向各个旅游景点。先是都市、公园，后是城郊、海滨，后来，这些都不足以满足人们日益提高的审美需求了。于是原始的自然风光就成为人们向往的"胜地",旅游者的足迹出现在所有的名山、大川。

大概人们没有注意到,这不尽的寻美洪流会给青山绿水留下"丑";人流也成了污染源,给自然景观带来了危害。

"明媚的夏日里,天空多么晴朗,美丽的太阳岛多么令人神往……"这首歌在20世纪70年代风靡全国,"太阳岛",这个美丽的景点曾吸引了众多国内外的游客纷纷前往。然而,到了80年代,太阳岛的状况却令人担忧。来岛上的游人把数不清的空罐头瓶子、空饮料罐、废包装纸、废塑料袋丢弃在树荫下、堤岸边。西瓜皮、雪糕棍、瓶盖以及吃剩的食品随处可见。垃圾箱总是超负荷盛装,从旁走过,腐臭气味呛人。动物形象的果皮箱上的"青蛙"、"狮子"遭了殃,嘴巴被各种垃圾塞得再也吞咽不得。虽然岛上的工作人员天天都辛勤地清扫,但由于旅客太多,一天下来,绿色的宝岛疮痍满目。

岛上各单位的锅炉房和个体小摊贩的炉灶冒出来的烟尘,也污染着岛上的环境。

岛上和江南的十几根大烟囱,既污染了太阳岛的周围环境,又破坏了太阳岛风景区乃至松花江游览区的景观。

镶嵌在长白山上的一块宝石——长白山天池,为松花江、鸭绿江、图们江三大江的源头。在天池的周围,有

16座峻峰环抱，它们都是火山喷发时留下的杰作，火山喷发熔浆，使一片片白色的浮石覆盖了山顶，造就了世上奇观——"白头山"。如逢天晴，蓝天白云，16座白峰山影倒映水中，水转山旋，构成了一幅绚丽多彩的人间仙境图。

天池周围1.3万公顷的区域被国家列为第一自然保护区。1980年，又被划为国际生物圈保留地的组成成分。然而这样一个自然保护区也同样遭到旅游者的践踏。从20世纪80年代起，每年有10万人登上长白山。一吨一吨的旅游垃圾，漫山遍野的粪便，把景区弄得丑陋不堪。

人流、垃圾流，从南到北，从东到西铺天盖地地袭来。国内是这样，国外也是如此。

日本民族的圣峰——富士山，几个世纪以来接纳了无数的瞻仰者。现今的富士山的山坡，由于多年风雨的剥蚀已是伤痕累累，这是无法抗拒的大自然给富士山增加的创伤。不能容忍的是，由于每年数以千万计的游人制造的一吨又一吨的垃圾在严重破坏富士山的形象。难怪如今在日本有这样一种说法："爬一次富士山的人是聪明人，爬两次富士山的人是傻瓜。"

多少年来，人们都是徒步登上富士山，然而当地政府为了使富士山能接纳更多旅游者，于1964年铺设了一条从山脚延伸到半山腰的马路。马路修通之后，建在半山腰的旅游纪念品商店泛滥起来，1991年有3 500余万旅游者驱车来到半山腰，其中的27万多人从半山腰出发登顶。

旅游者的增多使当地政府收入大大地增加了，然而圣峰富士山付出的代价却是惨痛的。

意大利美丽的海湾，吸引着无数的旅游者，人们可以在大海广阔的怀抱里冲刷身上的尘土，可以横穿浪峰水花锻炼自己的意志，也可以在微波轻柔荡漾中宁静地歇息。可是，人们却时而在这里碰到扫兴的事情：有时人们穿上游泳衣兴高采烈地奔向大海时，突然，脚被丢弃在地上的罐头盒划破；有时人们正在海里尽情畅游时，却碰上迎面漂来的脏盒子，游兴正浓的人只好悻悻离去。

为了告诫人们不要随手乱丢垃圾，意大利当局在古里亚海岸附近的菲腊奥市建造了一座别具风格的纪念碑，碑基上堆满了各式各样的垃圾、空盒子、空瓶子、破皮箱……纪念碑上刻有令人深思的碑文："保卫大自然！这里所展出的废物都捞自海中。"这一新出现的"名胜"仅仅是治理垃圾洪流中的一滴水珠。

旅游垃圾这一当代的新灾害，破坏旅游景点的景观、污染环境、占用绿地、危害人体健康，已经成为重大社会问题。

为了清除影响这个现代社会发展的大毒瘤，人们正在动员全社会的力量清除旅游垃圾。如美国宾夕法尼亚州的一家游乐场安装了许多会说话的，形如熊猫、山羊、大象等动物的垃圾箱，每当有人扔进垃圾时，它们就会摆动"耳朵"，彬彬有礼地说"朋友，谢谢你，你喂我的食物真是好吃极了"！这一有趣的表演吸引了游客，尤其是小朋友们更是四处寻找垃圾去喂这些会说话的"动物"。这个办法很奏效，游乐场也就被打扫得干干净净，见不到一点果皮、纸屑了。比利时首都布鲁塞尔的一个公园也用类似的办法保持了园内清洁。加拿大的普罗卫顿斯堡则采用"垃圾入场券"的方式，使该市由加拿大"最脏的地方"，变成了街道整洁、秩序井然的城市。这是因为在那里有几处颇受市民欢迎的娱乐场所。市政府规定，凡是进入娱乐场所的人，都必须在街上拣来几块纸屑或果皮方可免票入场。这些方法都大大有利于城市卫生的保持。

　　用各种方式把分散的垃圾、废渣收集起来后，又该如何处理呢？当然是集中起来再运输到远离市区的处理场所。那么，如何集中和运输呢？目前，我国是用金属垃圾箱收集后，再用卡车运到垃圾处理场所。这种办法，你计算过它的成本吗？由于垃圾体积大，又是长途运输，所以这种办法成本很高，一般占全部处理费用的80%以上。如果把垃圾的体积减少一些，就便于运输了。美国、日本等国，是先将废物运至转运站，在转运站中先进行分选，把废纸、木屑、蔬菜茎叶、瓜皮果核等能燃烧的普通垃圾归作一类，对金属、玻璃、塑料等不燃烧或燃烧后会产生有害气体的垃圾归作另一类，还有一些体积庞大的废物和必须进行特殊处理的垃圾又归作一类。分类后分别进行粉碎并压缩至原体积的1/5，使之成为0.5—1立方米的块状。法国还试验在固体废物中加入黏合剂，并施加更大的压力把它压缩到原体积的1/20。经过这样处理后的垃圾，更加便于运输、填地，甚至还可直接用来作建筑材料。

  在处理中，对可燃烧的废物，一般用遥控焚烧高炉进行焚烧，使可燃物转变成二氧化碳和水。对于不能燃烧的垃圾，一般是在转运站破碎压缩成1立方米大小、100千克左右重的块状，用塑料袋包好送去掩埋。掩埋时为防止地表水流经废物层，使附近的地下水和河流受到污染，填地位置应远离河流、湖泊、井水等水源，在填地上面加一层不透水的覆盖层，并加大坡度使水迅速流走。还有一种方法就是堆肥法，在一些农业型的发展中国家主要以此种方法为主。无论用哪一种方法处理垃圾，最终都是以无害化、资源化、减量化为基准。目前国内外垃圾处理出现了新的趋势。工业发达国家由于土地资源、能源日益紧张，焚烧比例逐年增加；填埋法作为垃圾最终处置手段，一直占有较大比例；热解法、填海、造山等垃圾处理新技术不断取得新进展。西方发达国家由于经济发达，投资能力强，垃圾热值高，并已拥有较为先进和成熟的垃圾焚烧工艺和设备，正在朝着高效、节能、低造价、低污染、自动化的方向发展。

我国虽然垃圾数量不断增加，但垃圾处理仍处于初级阶段，绝大多数垃圾未采用科学卫生的办法进行妥善处理。一些地区就地焚烧和异地堆放填埋垃圾，已严重污染了环境。

看来，我国的垃圾处理面临着如何走出困境的问题。那些仍然静静地留在旅游景点，无人问津的垃圾，它们的命运是怎样的呢？也许大自然的风吹日晒、雨水侵蚀会使它们自然降解，但它降解的速度是何等的慢！

主要由木质素组成的面纸，由于它的分子比细菌分子大，所以很难分解。在潮湿的地方，大概需花3个月；如果是干燥的地方，耗时就更长。由白桦树制成的火柴棍及其头上的磷，在潮湿的环境中，受到细菌或食木虫的作用后，也要6个月左右才能分解。由沙、碳酸钠、石灰及其他添加物构成的玻璃容器是微生物无法啃蚀的。考古学家曾经挖掘到公元前2000年的玻璃制品，其硬度像当初一样。一个玻璃制品如果不经处理，就要花上4000年才能被化学药物腐蚀掉。金属制品变成氧化物才会渐渐被腐蚀。上釉和加锡的铁片经过两个下雨的夏季后，只能氧化210微米的厚度。据此计算，一个铁罐需要10年才会自行消失。一个塑料瓶或塑料打火机要在100年以后才能自行分解消失。

大自然分解垃圾的速度是缓慢的，而人类随意丢弃垃圾的速度之快是惊人的。如果这种恶习继续下去，用不了多久，地球上的绿地将被厚厚的垃圾覆盖，人类就会生活在垃圾之中。

愿我们每一个人都能从维护生态平衡，保护人类生存环境的大局出发，增强环保意识，不随地乱扔垃圾，为子孙后代留下一块块干净的绿地。

她为何自杀

1969年8月25日，在阿久根车站暂停的快车开出后，很快就以全速运行，满载旅客的列车沿着海滨铁道风驰电掣般地疾驰着。突然，前面卧铺车厢里有人惊叫起来："快救人呐！有人跳车了！"

列车司机得到这个消息后，立即采取紧急刹车。但由于火车的巨大惯性，列车仍然滑行了数百米。待到车上乘客围拢到跳车人身旁时，跳车人由于头颅碎裂，已经停止了呼吸。

死者是个年轻的女性，从她所带的身份卡上发现她是安中冶炼厂的女工，名叫中村高子。

中村高子为什么坠车身亡？是自杀还是他杀？列车工作人员对死因无法判断，于是将此案报告给附近的警察局。警察局派人对此案进行调查分析后，认定中村高子是自杀，不是他杀。

然而中村高子的家属对警察局的结论持否定态度。好端端的一个年轻人，无冤无屈，也没遇到什么不顺心的事，怎么会自杀呢？参与案件调查的警察说："她在死前显得很痛苦，据她附近的乘客说，尽管她很刚强，还是不时地发出阵阵惨叫声。由于她忍受不了这种痛苦，所以寻了短见。"

中村高子的家属认为，如果是这样，那更说明是药物中毒，可能是被毒杀的，应该解剖尸体。按照死者家属的要求，法医对中村高子的尸体进行了解剖，没有发现剧毒药物的痕迹，只是在死者的肾脏里，测得金属镉的含量高达22 400ppm，从而证实中村高子是让"镉"给逼死的。

镉为什么会逼死人命？近年来，科学工作者通过研究发现，镉能使人患"胃痛病"。这种病的早期症状是肩、腰、手、脚等关节部位疼痛，然后扩展到全身剧痛，骨骼逐渐软化、变形，极易发生骨折。晚期患者因难忍的疼痛而彻夜难眠，甚至不断地发出惨叫声，最后在极度痛苦中死去。中村高子患有较重的骨痛病，为了摆脱剧痛的折磨，她终于走上了自杀这条路。

大量的镉是怎样进入人体的呢？研究表明，镉通常伴生在铅、锌矿中，在开采和冶炼铅、锌矿的过程中有大量含镉的废水排出，污染了附近的农田和水源，致使大米和蔬菜等农作物的含镉量剧增。人吃下这些大米和蔬菜后，其中的镉会蓄积到肾、肝、生殖器等组织里，降低和抑制了许多酶的活性，妨碍了人体对钙、磷的吸收，进而使骨骼产生病变。

看来，中村高子死于"镉水→土壤→大米"这条污染途径中。据报道，如果经常食用含镉量1ppm以上的大米或含镉量高的蔬菜水果，就有可能患胃痛病。因此，控制镉水对土壤的污染是我们的首要任务。

然而，我们也应该看到，在我们赖以生存的土壤中，何止是镉一种污染呢？

五颜六色的固定的、移动的人工制造物将现代人，特别是城市人与自然隔离。生活的必需品，大多经过加工，改变了固有的外表，再配以离奇的包装。虽然它们无不取之于土地。但却对母体——自然冷漠了，疏远了。土地成了人们处理废弃物的场所，大量的污物倾倒和堆放在土地上，空气和水中的污物源源不断地进入土壤中。目前由于用污水灌田造成土壤污染的主要物质是：镉、汞、铅、砷、酚、氰化物、三氯乙醛、苯并芘等。同样，如果河水、湖水、水库水等灌溉用水受到工业废水和生活污水的污染，再用来灌溉农田，也可使农田土壤受到污染。大气污染物可由于重力作用自然降落或随雨水降落到地表而污染土壤。例如铅，美国在1968年仅用汽油一项就达22.5万吨，其中有10%扩散到大气中。美国加利福尼亚附近的雨水中铅含量可达40毫克/升，土壤中可达200—300ppm。这样，随着大气的污染，使地壳中的化学元素"大搬家"，造成某些城市和大型工矿企业附近的土壤污染，甚至扩散到更远的地方。

在导致土壤受到污染的众多因素中，最让人担忧的是农药、化肥对土壤的污染。人们的担忧并不是毫无根据的。如今的菜畦、果园、稻田内，喷洒农药是农民主要的农活之一，农作物几乎到了不用农药就会无收或歉收的地步。由于大量农药的使用，田野中飘来的不再是禾苗瓜果蔬菜的清香，而是令人作呕的农药味。

10多年前，人们说起农药，只是"3911"、"六六粉"等几个品种。而今使用的农药，已经发展到了杀虫脒、敌杀死等30多种。在用药范围方面，过去仅局限于棉田里，防治棉铃虫、蚜虫，而今除了棉花之外，小麦、水稻、玉米、果树、蔬菜等，哪一种农作物不喷农药？喷洒农药可以防治稻飞虱、粉病、红斑病等几十种病虫害，而且庄稼新病名、新虫名还在增加。更令人惊叹的是化学农药自诞生之日起，生产使用量按几何倍数增长。据资料介绍：世界化学农药产量1950年为20万吨，10年后增加2倍，1970年达150万吨，到1993年突破200万吨，至今仍以每年3%—5%的速度增长。新中国建立初期，我国农药产量不足2 000吨,而1993年达到11.7万吨,并以每年10%的速度继续增长。这些农药有的是直接施入土壤,如为防治土壤害虫、病菌、杂草而施入,有的是在向农作物喷洒药剂时直接落在地面上或由作物再落到地面上,飘落到空中的农药随降雨落到地面,最终进入土壤表层。

化学农药的广泛使用,其目的是"虫口夺粮",保证我们有足够的粮食可吃,但是由于使用技术上的问题,农药在杀死害虫的同时,也殃及人类自身。

四川某市的居民小徐过生日,贤惠的妻子早早地采购蔬菜、水果、鱼肉。丰盛的生日午宴过后不到两个小时,小两口先是感到不舒服,紧接着吐得差点把胃都翻个底,泻得数不清上了多少次厕所,而且头昏眼花,上重下轻,幸好小两口"清醒得早",赶紧住进了医院,才保住了性命。这件事想起来令人心有余悸,有关部门化验鉴定,引起中毒的罪魁祸首是喷洒了农药的小白菜。

1995年的某一天,一位中年汉子步履蹒跚,晃晃荡荡地来到某市人民医院急诊科,值班的医生看到患者面色蜡黄,嘴唇青紫,极为痛苦。医生还没来得及询问病情,来者"哇"的一声喷了满地。从所吐之物看,病人吃的是莴笋叶拌面条。经化验,属莴笋叶沾染农药而致的急性中毒。

农药急性中毒事件在我们身边频频发生,而慢性中毒的病也逐年增多，高血压、糖尿病、冠心症、癌症、重金属中毒等疾病无时无刻不在威胁着人类的健康。

"民以食为天"，大米、杂粮、蔬菜、水果一天也少不得。然而这些都出自于污染的土壤中，尽管细心的消费者把蔬菜洗了又洗，大米淘了又淘，水果洗了又削，但仍难以彻底地清除其中所含的农药。从某种程度上说，我们天天都在吃带毒的食物。水稻、小麦、玉米、瓜果、蔬菜等农作物，如果现在离开了农药，又有多少作物能种出来？从苗期到收获，哪种作物不需要大量农药？以吃的大米为例，水稻从浸种开始拌药，从幼苗到成熟都在不断地施药。这样的大米饭能不残存农药吗？如果再加上土壤中其他的污染物富集在作物里，长出的食物能没有毒吗？与此同时，农药的大量使用，造成的环境污染的恶性循环越来越严重。在农村，猫头鹰、乌鸦、青蛙、螳螂、蛇正在日趋减少，生态失衡。益虫减少，害虫猖獗，农民只能靠加倍喷洒农药来防治，这已经是我们无奈的选择。而且化学农药对土地日趋严重的侵蚀和对瓜果、蔬菜的污染则报复着人类。人类如果经常食用这些受污染的粮食、蔬菜、水果，自然无异于慢性自杀。

纵观人类的发展史，土壤对物质文明的贡献是首屈一指的。然而在现代工业迅猛发展的今天，保护土壤"纯净"的重要意义却往往被遗忘，这实在是太不公平了。须知土壤一旦受到污染，则很难恢复其活力。因此，经常监测，及早防治土壤污染是上策；切断有毒物质通过土壤进入粮食、蔬菜和瓜果危害人体健康的途径，则是上上策。其中包括"绿色食品"的开发及无公害食品基地的开发。

所谓"绿色食品"就是安全、营养、无污染、无公害的优质食品。其生产环境的大气、土壤、灌溉用水都有严格的标准。目前上市的"绿色食品"贴有上方为太阳，下方为叶片，中心为蓓蕾的圆形标志。据悉，农业部农垦系统已在全国率先实施了无公害的"绿色食品"系统工程，并在北京亚运会期间首次推出95种"绿色食品"。每种食品都经过300多个指标的检测，给人以绝对安全感。

为了保证人们吃上无污染的蔬菜、水果，应大力开发无公害蔬菜基地。北京市近几年来已发展了无公害蔬菜基地10多万公顷。另外郊县农民必须严格遵守施洒农药的相关规定。按规定，农作物在上市前应停洒农药的安全期为：乐果10天，"敌百虫"7天，敌敌畏5天，二氯苯醚菊酯2天，酰甲胺磷7天。如间隔天数不足，农作物将被禁止上市。

如果我们严格按客观规律办事，就能从土壤中获得更多的生活资源，而不会自食恶果。

五、交给子孙
　　一个生机勃勃的地球

人类居住的地球，从外层空间看，是个蔚蓝色的星球，在太阳的照射下，反射着朦朦胧胧的光芒，煞是好看。按目前的科学水准探测，地球是宇宙空间中唯一一个适合人类居住的星球。

有一位诗人曾这样描述过我们居住的这个星球：这是一位美丽、健康的母亲。肥沃的土壤是她的肌肤，纵横的山脉是她的骨骼，茂密的森林是她的肺，千万条江河里流淌的是她的血，所有的生灵都是她的子孙，就连厚厚的大气也掩不住她的温存……

可如今，为人类供给养分的地球母亲，由于人类的过度索取而变得千疮百孔了。据统计，全世界每年约有1 700

万公顷的森林因乱砍滥伐而消失；600万公顷土地因沙漠化和水土流失而失去生产能力；每天都有100多种、每年约5万种物种灭绝；全球渔业资源面临枯竭，许多渔场正在消失；全世界1/15的人口生活在水荒中，13亿人几乎与洁净的饮用水无缘；每年有300多亿吨的二氧化碳、二氧化硫和氯氟烃被排放到大气中；保护地球生物不受紫外线辐射的臭氧层正受到破坏，城市中因空气污染引起的疾病越来越多；每年有650多万吨垃圾被倾倒进海洋，也许有一天大海不再蔚蓝。甚至在世界之巅的喜马拉雅山脉也未能保持其千年的洁净。海湾战争后科威特油井漫天大火产生的浓浓黑烟向东飘移，竟在喜马拉雅山上降下了黑雪。人类在征服珠穆朗玛峰的同时，也在山顶周围留下50吨以上的垃圾。每一次登山行动5—10吨设备中，有1/3被扔在山上。

生态失衡和环境污染，不仅破坏了地球这个人类的家园，最终也威胁着人类的生存。近年来全世界天灾频繁、环境急剧恶化，向全世界敲响了警钟。

"一颗生态定时炸弹最近毁掉了一座城市，这颗炸弹是我们自己40年前就开始埋下的。"菲律宾环境部长法克杜兰在分析1991年菲中部港市奥莫克那场使8 000人罹难、十几万人无家可归的洪灾原因时曾这般痛心疾首地说。

从1952年起，奥莫克市就没有成片的树林了，该市周围的4 500公顷山坡地因乱砍滥伐早已变得光秃秃的。1991年11月5日，台风带来的暴雨把山坡田上的甘蔗、民房等全部冲进附近的阿尼罗河，河水在7分钟内暴涨了2.6米。顷刻之间，奥莫克陷入一片汪洋。

在付出高昂的代价、受到大自然的无情惩罚之后，人类终于取得了共识：人类与地球的关系不应仅仅是索取与被索取；人类除了开发和利用地球资源外，更需要珍惜它、善待它。因为从长远的观点来看，一种能够持续发展的经济应当是既能满足人类当前的需要，又不危害子孙后代生活环境的经济。

基于这一共识，"可持续发展原则"这一名词目前已被各国政治领导人和环境保护主义者所广泛使用。具体来说，如果物种的灭绝不超过物种的进化，土壤的侵蚀不超过土壤的形成，碳的释放量不超过碳的固定量，捕鱼量不超过鱼的再生量，人的出生数不超过人的自然死亡数，那么人类可以永远和大自然和平相处；一旦违反了这一法则，人类赖以生存的生态体系必将报复人类，使人类陷入生存危机之中。

虽然保护环境的共识已在全球范围内达成，但是人类欠地球的债已非一朝一夕了。大肆开采自然资源，超量排放二氧化碳等温室气体也不是近10年才有的事情。据联合国有关机构估计，仅为完成《21世纪行动议程》所提出的目标，人类在保护和恢复环境方面就需要大约6 000亿美元的资金。这是一个令人吃惊的天文数字，谁来偿还欠地球的这笔债？

从道义上来说，工业化历史长，自然资源使用量多，污染物质排放量大，对环境破坏相对更严重的发达国家无疑应当承担更多的环保责任。但现实并不让人乐观，一些发达国家不愿意分担环保责任，在欧共体里约会议上承诺的援助款仅有40亿美元，与所需款项相距甚远。发展中国家的情况也令人担忧，他们正在自觉或不自觉地重蹈发达国家的"先污染，后治理"的覆辙。环境污染和生态污染在这些国家兼而有之。

地球上的环境警钟已敲响，黄牌已经亮出。为了保护人类的家园，为了交给子孙后代一个美丽富饶的地球，人们正在以主人翁的姿态管理着自己的生存环境，一个爱护自然、保护环境的新风尚正在形成。

1989年7月18日，肯尼亚首都内罗毕市郊的野生动物园燃起一堆熊熊烈火，一根根洁白如玉的象牙雕刻和首饰顷刻之间化为灰烬。为了保护野生动物、禁止象牙交易，肯尼亚这次焚烧了12吨价值300多万美元的象牙及其制品。为了纪念这一日子，肯尼亚把每年的这一天定为"大象节"，以唤起人们自觉保护野生动物的责任感。为了禁止象牙交易，拯救面临灭绝的非洲大象，肯尼亚至今已经焚烧了价值上千万美元的象牙。政府甚至下令，可以当场击毙偷猎大象者。

在德国，为了增强孩子们的环保意识，一些地方开办了环保学校。那里的儿童不再使用一次性的圆珠笔，而改用老式自来水笔，因为这种笔造成的垃圾少，墨水瓶还可以作为废玻璃回收利用。孩子们制作的纸质模型也改用糨糊粘贴，因为糨糊对健康和环保无害。

在美国，纸张消费的38％被回收利用，这一比率在1995年已达到42％。加利福尼亚州计划通过使用无污染汽油逐步减少铅、二氧化硫等有害物的排放。1998年通过使用新型电动汽车等手段，使4万辆汽车实现废气零排放。

在中国，荣获联合国"全球500佳环境奖"的兰州中卫固沙林场自1957年以来，开展固定流动沙丘和植树造林的工作，培育了6 738万棵树苗，栽种了5 512万棵树木，栽种的草篱笆覆盖面积达27.5万公顷，有效地保护了原有农田，并向沙漠夺回了11.3万公顷的耕地。

我们只有一个地球，人类只有一个家园。保护环境，就是保护人类自己。近年来，全球的环境保护工作已经普遍取得进展，绿色的春风正轻轻吹过地球的每一个角落。在世界性的公约中，环保方面的公约无疑最多，加入者也最多。尤其是在受人类破坏最为严重的森林、大气、海洋、生物物种等方面都已签订并正在实施一系列国际保护公约。

环保工业已经粗具规模。目前全球环保产品和环保技术服务市场的需求已达3 000亿美元。许多专家预测，环保工业将是21世纪最有希望的朝阳工业。在保护环境的同时，寻求一种脚踏实地的持续发展之路，已逐步成为世界各国尤其是众多发展中国家的共识和孜孜以求的目标。

身在今世，心系未来。交给子孙后代一个生机勃勃的地球，让地球母亲永远容光焕发，青春常在，已成为全人类的共同心声。

世界五千年科技故事丛书

01. 科学精神光照千秋：古希腊科学家的故事
02. 中国领先世界的科技成就
03. 两刃利剑：原子能研究的故事
04. 蓝天、碧水、绿地：地球环保的故事
05. 遨游太空：人类探索太空的故事
06. 现代理论物理大师：尼尔斯·玻尔的故事
07. 中国数学史上最光辉的篇章：李冶、秦九韶、杨辉、朱世杰的故事
08. 中国近代民族化学工业的拓荒者：侯德榜的故事
09. 中国的狄德罗：宋应星的故事
10. 真理在烈火中闪光：布鲁诺的故事
11. 圆周率计算接力赛：祖冲之的故事
12. 宇宙的中心在哪里：托勒密与哥白尼的故事
13. 陨落的科学巨星：钱三强的故事
14. 魂系中华赤子心：钱学森的故事
15. 硝烟弥漫的诗情：诺贝尔的故事
16. 现代科学的最高奖赏：诺贝尔奖的故事
17. 席卷全球的世纪波：计算机研究发展的故事
18. 科学的迷雾：外星人与飞碟的故事
19. 中国桥魂：茅以升的故事
20. 中国铁路之父：詹天佑的故事
21. 智慧之光：中国古代四大发明的故事
22. 近代地学及奠基人：莱伊尔的故事
23. 中国近代地质学的奠基人：翁文灏和丁文江的故事
24. 地质之光：李四光的故事
25. 环球航行第一人：麦哲伦的故事
26. 洲际航行第一人：郑和的故事
27. 魂系祖国好河山：徐霞客的故事
28. 鼠疫斗士：伍连德的故事
29. 大胆革新的元代医学家：朱丹溪的故事
30. 博采众长自成一家：叶天士的故事
31. 中国博物学的无冕之王：李时珍的故事
32. 华夏神医：扁鹊的故事
33. 中华医圣：张仲景的故事
34. 圣手能医：华佗的故事
35. 原子弹之父：罗伯特·奥本海默
36. 奔向极地：南北极考察的故事
37. 分子构造的世界：高分子发现的故事
38. 点燃化学革命之火：氧气发现的故事
39. 窥视宇宙万物的奥秘：望远镜、显微镜的故事
40. 征程万里百折不挠：玄奘的故事
41. 彗星揭秘第一人：哈雷的故事
42. 海陆空的飞跃：火车、轮船、汽车、飞机发明的故事
43. 过渡时代的奇人：徐寿的故事

世界五千年科技故事丛书

44. 果蝇身上的奥秘：摩尔根的故事
45. 诺贝尔奖坛上的华裔科学家：杨振宁与李政道的故事
46. 氢弹之父—贝采里乌斯
47. 生命，如夏花之绚烂：奥斯特瓦尔德的故事
48. 铃声与狗的进食实验：巴甫洛夫的故事
49. 镭的母亲：居里夫人的故事
50. 科学史上的惨痛教训：瓦维洛夫的故事
51. 门铃又响了：无线电发明的故事
52. 现代中国科学事业的拓荒者：卢嘉锡的故事
53. 天涯海角一点通：电报和电话发明的故事
54. 独领风骚数十年：李比希的故事
55. 东西方文化的产儿：汤川秀树的故事
56. 大自然的改造者：米秋林的故事
57. 东方魔稻：袁隆平的故事
58. 中国近代气象学的奠基人：竺可桢的故事
59. 在沙漠上结出的果实：法布尔的故事
60. 宰相科学家：徐光启的故事
61. 疫影擒魔：科赫的故事
62. 遗传学之父：孟德尔的故事
63. 一贫如洗的科学家：拉马克的故事
64. 血液循环的发现者：哈维的故事
65. 揭开传染病神秘面纱的人：巴斯德的故事
66. 制服怒水泽千秋：李冰的故事
67. 星云学说的主人：康德和拉普拉斯的故事
68. 星辉月映探苍穹：第谷和开普勒的故事
69. 实验科学的奠基人：伽利略的故事
70. 世界发明之王：爱迪生的故事
71. 生物学革命大师：达尔文的故事
72. 禹迹茫茫：中国历代治水的故事
73. 数学发展的世纪之桥：希尔伯特的故事
74. 他架起代数与几何的桥梁：笛卡尔的故事
75. 梦溪园中的科学老人：沈括的故事
76. 窥天地之奥：张衡的故事
77. 控制论之父：诺伯特·维纳的故事
78. 开风气之先的科学大师：莱布尼茨的故事
79. 近代科学的奠基人：罗伯特·波义尔的故事
80. 走进化学的迷宫：门捷列夫的故事
81. 学究天人：郭守敬的故事
82. 攫雷电于九天：富兰克林的故事
83. 华罗庚的故事
84. 独得六项世界第一的科学家：苏颂的故事
85. 传播中国古代科学文明的使者：李约瑟的故事
86. 阿波罗计划：人类探索月球的故事
87. 一位身披袈裟的科学家：僧一行的故事